最強トヨタへの警鐘

# なぜ世界はEVを選ぶのか

日経BPロンドン支局長
大西孝弘

日経BP

# はじめに

目を見張る変化だった。

世界中で新型コロナウイルスの感染が急拡大した2020年春。英国もロックダウン（都市封鎖）を導入し、人々は家に閉じ込められた。一般市民が徐々に外出できるようになったのは、それから半年ほどたった夏ごろだ。

街を歩く機会が増えていったとき、ロンドンを走るクルマの顔ぶれが大きく変わったことに気付いた。コロナ禍前までは見かけることが少なかった電気自動車（EV）が急速に増えていたのだ。そして、その数が日に日に増えていく。まるでタイムマシンに乗ったかのように、EVの時代が一気に到来していた。

「EVの普及は難しい」。それが自身の経験に基づく結論だった。

源流は1997年の京都会議（国連気候変動枠組条約第3回締約国会議）での鮮烈な体験だ。まだ学生だった当時、トヨタ自動車のハイブリッド車（HV）に試乗する機会があった。減速でムダにしていたエネルギーを回収し、モーターを使って発進することで燃費を飛躍的に向上させたと聞き、胸が躍った。実際に乗ってみると、エンジンで駆動するクルマとしての魅力を保ちながら、まったく新しい付加価値を生み出したことを実感できた。まさに「夢のクルマ」だった。

その後、経済誌「日経ビジネス」や環境専門誌「日経エコロジー」の記者になった筆者にとって、エコカーは取材の中心的なテーマであり続けた。HVを生み出したトヨタの首脳や関係者への取材を繰り返し、HVが普及する過程を間近で見てきた。商品としての魅力を高める緻密な戦略やコストダウンを実現する大胆な戦略。それらが実を結び、HV全盛の時代が到来した。

そのときの状況と比べると、EVが近い将来に普及するとは到底思えなかった。三菱自動車が2009年に世界初の量産EV「アイ・ミーブ」を、日産自動車がEVの初代「リーフ」を10年に発売。その頃も「EV時代が到来した」と騒がれた。ただ、当時の国内新車販売に占めるEV比率は1%未満にとどまった。

14年にセダン型EV「モデルS」を成長の足掛かりにしようと苦闘していた米テスラを集中的に取材して戦略を分析したこともある。EV普及策を採る米カリフォルニア州の高速道路にかかる陸橋に陣取り、通過するEVの数を数えたりもした。しかし、カリフォルニア以外の米国や中国、欧州の街を歩くと、ＥＶを見かけることはまれだった。取材を繰り返すほど、ＥＶに会社の命運を託すテスラの特殊さが際立った。

電池の容量やコスト、電池に充電するための設備、そして製造時の環境負荷……。ＥＶの課題を挙げればキリがない。ＥＶへのシフトに懐疑的なのは、18年4月に英ロンドンに赴任してからも変わらなかった。まだ街でＥＶを見かけることはほとんどなかった。

その認識を変えたのが、20年に起こった街の景色の変化だった。

古きものをよしとしながら、新しきものを積極的に取り入れていく進取の気性がロンドンの人々にはある。それからというもの、ロンドンの街を歩きながら新型ＥＶを見つけては写真を撮影するのが日課になった。ロックダウンが解除されて少しずつ日常を取り戻す街の中で、世界が急速に変わり始めたことを実感していた。

ＥＶ販売の急増は、新型コロナで沈んだ景気をテコ入れするために政府がＥＶの購入補助を拡充した影響が大きい。同様の現象が欧州各地で起こり、20年は欧州の「ＥＶ普及元年」となった。この年の欧州主要18カ国におけるＥＶ販売台数は前年比約2倍の72万９０００台。欧州連合（ＥＵ）が各社に二酸化炭素（ＣＯ２）排出量の規制を課したため、メーカーがＥＶの開発と販売に必死になったことも影響していた。

欧州に駐在する記者として、この劇的な変化は見逃せない。自動車メーカーによるＥＶの開発や生産、街を走るＥＶやそのためのインフラなどの状況を見るべく、欧州各地を駆け回った。

独フォルクスワーゲン（ＶＷ）や独メルセデス・ベンツグループ、スウェーデンのボルボ・カーのトップなど、インタビューした自動車メーカー幹部は50人以上に上る。自動車規制の導入に積極的な欧州委員会の環境政策トップや専門家にも話を聞いた。日経ビジネス電子版の筆者のコラム「遠くて近き日本と欧州」で展開した「沸騰・欧州ＥＶ」シリーズは、気がついたら掲載回数が50回を超えていた。


欧州発のＥＶシフトは世界を刺激している。もともとＥＶの普及に積極的だった中国は欧州に負けじとさらなる普及策を講じて、年間５００万台を超える巨大なＥＶ市場となった。米政権も22年ごろから次々とＥＶ振興策を導入。今や欧・米・中という世界の３大市場でＥＶシフトが鮮明になっている。

新車販売に占めるＥＶの比率が欧州主要国では20％に迫り、中国では20％を超えるようになった。ノルウェーのような極端な国では約８割に達するほどだ。多くのメーカーが競うようにＥＶの開発や生産に向けた投資を増やしている。来ないと思われていたＥＶシフトが現実のものとなり、もはや引き返せないところまで来ているように見える。

ところが、日本の自動車メーカーの反応は鈍かった。自動車市場で世界のトップに君臨するトヨタは、22年のＥＶ販売実績が約2万5000台だった。これに対して、テスラは131万4000台、中国の比亜迪（ＢＹＤ）は91万1000台だ。ＥＶ市場で日本車メーカーが大きく出遅れているのは事実だ。

それにもかかわらず、日本から聞こえてくるのは、欧州の規制や、ＥＶシフトの様子を報じるメディアへの批判だった。「欧州のＥＶシフトは開発や生産の裏付けがない無謀な企てであり、いずれ頓挫する」「メディアはメーカーのＰＲに乗っかっているだけだ」。日本国内でそんな批評が広がるうちに、世界ではＥＶ市場がぐんぐんと拡大していく。「化石燃料で発電した電気を使って走るＥＶは、$CO_2$排出量の削減に寄与しない」。全くの正論だ。「エンジン車の多くを燃費の良いＨＶに切り替えた方が$CO_2$排出量の削減効果がある」。その通りだ。

ただ、欧州を中心とする一連の取材ではっきりと見えたことがある。「世界的なＥＶシフトの〝一番〟の目的は、環境保護ではない。目的は産業育成と雇用の創出にある」ということだ。環境保護を前面に押し出しているのは、「競争をするなら社会正義がありそうな土俵で戦う」という意味合いが強い。

欧米中の政府や自動車メーカーは様々な矛盾を抱えながらも、産業競争に勝ち、雇用を確保するためになりふり構わず動いている。「何が正しいのか」を議論することは大事だが、議論のために立ち止まったままでは、拡大するEV市場で置いてきぼりになりかねない。

国際エネルギー機関（IEA）の予測では、22年に730万台だった世界のEV販売台数が30年には最低でも3100万台に達する。ボストン・コンサルティング・グループは、30年にEVが世界自動車販売の39％を占めると予想している。それだけの市場が生まれる裏側で、エンジン車の市場が縮小していく。

本書はEVを礼賛する本ではない。広くて多様な世界で、EVが将来のパワートレーンの〝唯一の選択肢〟になることはないだろう。ただ、10年もしないうちに今ある市場の4割がなくなるという恐ろしい未来を想像してほしい。代わりに生まれるEVの市場で勝てなければ、今と同じような大きな売り上げや利益を確保するのは至難の業だ。

「世界の自動車市場で最大の販売台数を誇り、日本経済の屋台骨となっているトヨタは、EV市場が拡大してしまった後も〝最強の自動車メーカー〟でいられるのだろうか」。本書の執筆に取り組んだ理由は、この疑問に尽きる。

トヨタ社内からは「EVの要素技術はそろっている。本気になれば勝てる」という声も聞こえてくる。本当にそうだろうか。

22年の時点で、EVの販売台数では首位テスラと50倍もの差がついてしまった。そして、トヨタがEVに特化した本格的な技術を投入していくのは26年以降になる。進化のスピードが速いEV市場の中で競争力を発揮できるかどうかは不透明だ。

そして、充電や電池リユースなどの新しいサービスで主導権を握るチャンスを得られるのは、その時点で多数のEVを走らせているメーカーに絞られるだろう。後から魅力的な商品を投入できたとしても、劣勢をひっくり返すのは簡単ではない。もはや、一刻の猶予も許されないのではないか。そんな危機感から、本書のサブタイトルを「最強トヨタへの警鐘」とした。


最後に本書の構成を簡単に紹介したい。1章では、EV市場の覇権を争う可能性が高いテスラとBYD、トヨタ、VWの4社に焦点を当て、その比較を展開する。2章と3章では苦しみながらEVシフトを進めるVWの戦略を探る。VWの試行錯誤は、日本車メーカーがいずれ経験する道であり、良くも悪くも参考になるところが多いはずだ。

4章はEVシフトを推進する欧州や中国、米国の最新事情を取り上げる。欧州の政策決定者の考え方は、日本車メーカーの意思決定に影響を与えるだろう。5章では欧州各地で聞いたEVユーザーたちの生の声を取り上げる。様々なタイプのユーザーから聞いてみて分かったEVの利点や欠点がたくさんあった。

6章では「EV専業」を宣言したボルボ・カーやメルセデス・ベンツの深謀遠慮、7章ではEVの中核部品である電池や充電サービスの動向を取り上げた。EVや電池のトップランナーの思惑は、新たなビジネスモデルを探る上で参考になるはずだ。そして8章ではEVシフトの中でエンジンがどのような役割を果たすのかをまとめた。9章はエンジン生産減の影響を受ける部品メーカーの状況を記し、10章では人員削減やリスキリングの実態を深掘りしていく。

11章ではここまでの問題意識と照らし合わせながら、現在の自動車産業の覇権を握るトヨタの戦略を検証する。現在地を確認し、日本国外からの視点で課題を指摘したい。

自動車産業に関わりがある方はもちろん、あらゆるビジネスパーソンに読んでいただきたいと思いながら本書をまとめた。EVシフトは、日本の競争力を見極める「リトマス試験紙」のような出来事だからだ。

人工知能（ＡＩ）の進化など、この先も産業構造を大きく変えるような技術革新が何度も押し寄せるだろう。そのたびに、世界の官民の思惑が絡み合う産業転換のうねりが生まれていく。その中で、日本が競争力を高めるためにどのように振る舞うべきか。それを考える上で、今のＥＶシフトを取り巻く状況は大いに参考になるはずだ。

「カーボンニュートラル」の実現を目指す２０５０年まであと25年余り。日本の、そして世界の自動車産業はどのように変わっていくのだろうか。これまで多くの雇用を生み出してきた、日本の大黒柱である自動車産業がさらに競争力を発揮するためにはどうすればいいのか。本書が、それを考える一助になることを願っている。

大西　孝弘

なぜ世界はEVを選ぶのか　目次

はじめに　1

第1章
攻めるテスラ、BYD
どうするトヨタ、VW？　17

・時価総額で突出のテスラ、急伸のBYD　20
・イーロン・マスクと王伝福の共通点　27
・テスラとBYD、「垂直統合」の果実　36
・勝負を決する〝第3世代〟のEV　43

第2章
フォルクスワーゲン
〝地獄〟からのEVシフト　49

■劇薬の〝外様〟CEOが進めた破壊 51
■ディース氏「解任」の舞台裏 61
■エンジン車工場の大変身 66
■自社製電池で「レゴブロック」戦略 73
■米国で始まる「全く新しいゲーム」 79
■EVシフトの先兵、アウディ・ポルシェの真価 84

## 第3章 これはトヨタの未来か VWが直面する5つの課題

93
■合成燃料への執念、EUの暫定合意を覆す 97
■「EVは金持ち用」批判も 大衆車の難題 104
■EVでもうかるのか VWの皮算用 114
■勝負どころのソフト開発に悪戦苦闘 121
■移動サービスにも布石 不慣れな領域に挑む 126

## 第4章 「欧州の陰謀」論から世界の潮流へ 131


・苛烈な環境規制繰り出すEU 133
・土壇場でのエンジン車容認の「取引」 140
［INTERVIEW］エンジン派の天敵 欧州委員会ナンバー2に聞く 146
・中国、EV伸長で世界一の自動車輸出国に 158
・米国がダメ押し、EVシフトは世界の潮流に 163


## 第5章 EVユーザーの実像 もはや「ニッチ」ではない 169


・欧州ユーザーのリアルEVライフ 172
・中国政府の思惑がユーザーに浸透 186

# 第6章

# 高級車勢は「EV専業」ボルボ・メルセデスの深謀遠慮


197

- 「テスラに続け」と動き出した米国 190
- ボルボ、専業宣言の思い切りと割り切り 200
- 普及型EVへの執念、「中国製」活用 207

[INTERVIEW] ＩＴ出身のボルボCEOが鳴らす自動車業界への警鐘 211

- メルセデス、小型車廃止で「超」高級車へ 221

[INTERVIEW] メルセデスは2025年までにエンジン投資ほぼゼロに 224

第7章

フェラーリとポルシェ
半端では生きられぬエンジン　231

・100周年のルマン「EVはいらない」　234
・フェラーリが守り抜く「魂のエンジン」　241
[INTERVIEW] 水素エンジン開発も
フェラーリCEOが語る転換　247
[INTERVIEW] ポルシェ開発トップ「問題は燃料だ」　254

第8章

テスラとBYDの野望
電池と充電が生む新ビジネス　261

・勢い増す中国、政府主導で追う欧米　263
・ウクライナ戦争で電池価格が初めて反転　271
[INTERVIEW] 激安EV支える中国・国軒幹部
「EVの7割がLFPに」　276

## 第9章

# EVリストラの震源地 部品メーカーの下克上


297

・電池に集まる多士済々 新ビジネスに挑む 282
・エンジン生産縮小が独部品メーカーを直撃 299
・激化する電動アスクル争奪戦 303
・セーレン、EVシート材需要で最高益に 311


## 第10章

# EV化で仕事がなくなる? 労働者たちの苦悩


317

・フォード、欧州の工場で人員削減の現実 319
・ドイツ最大労組、抵抗から覚悟へ 325
・ボッシュ、3000億円の学び直し 334

## 第11章 「出遅れ」トヨタの課題と底力 339

・なぜEV世界28位に沈むのか 342
・理解されにくいトヨタの考え 348
・「EVファースト」になれるか 358
・英オールダムで感じた創業者の執念 369

おわりに 380


※本文に登場する人物の所属や肩書は、特に明記しない限り取材時点のものです

# 第1章

# 攻めるテスラ、BYD どうするトヨタ、VW？

自動車大手とEVで激しく競争することを心から望んでいる。なぜなら、それはEVの販売台数が増え、技術がより進化することを意味するからだ

――米テスラ イーロン・マスクCEO

２０２３年1月下旬、トヨタ自動車の社長交代のニュースが世界を駆け巡った。4月1日付で豊田章男社長が会長に就任し、佐藤恒治執行役員が社長に就任すると発表したのだ。社長交代は実に14年ぶりのこと。長きにわたってトヨタ社長を務め、連結売上高を約2倍に引き上げた豊田氏は会見で「アイ・ラブ・カーズへの情熱が強いがゆえに、デジタル化、電動化、コネクティビティーを含めて私はもう、ちょっと古い人間。新しいチャプターに入ってもらうためには一歩引くことが必要」「私自身はどこまでいってもクルマ屋。クルマ屋だからこそトヨタの変革を進めることができたと思う。しかしクルマ屋を超えられない。それが私の限界でもあると思う」などと発言。新しい時代を見据えたトップ人事であることを強く印象づけた。

就任会見の後、佐藤氏は積極的にメディアの前に登場し、新しいトヨタをアピールしていく。23年5月には23年3月期の通期決算の発表に臨み、日本企業としては最高峰の決算成績と見通しを示した。

ところが、会見での佐藤氏の表情は硬いままだった。「4月1日から新体制に経営継承が行われたが、前期の決算の数字は豊田章男・前社長の14年にわたる取り組みによるところ」と述べた佐藤氏は、「トヨタをトップスピードで経営する中で経営継承が行われたこと

23年5月に決算発表会に臨んだトヨタ自動車の佐藤恒治社長

を改めて実感している」と語った。その様子は、売上高でも時価総額でも日本最大の企業であるトヨタのかじ取りを担う重責と向き合っているように見えた。

佐藤氏が直面するのは、自動車業界で世界のトップを走ってきたトヨタに対する「包囲網」ともいえるような世界の動きだ。電気自動車（EV）へのシフトという自動車産業の変化を、世界各国が自らの産業の保護や育成につなげようとしている。そのため、時には論理だけでは説明できないことも起こり得る。自動車メーカーは好むと好まざるとにかかわらず、そんな権謀術数が渦巻く世界で闘わなくてはならない。

# 時価総額で突出のテスラ、急伸のBYD

世界の自動車産業は今、天下泰平の時を経て、大競争時代に突入している。その主役は4社。米国のテスラ（TESLA）、中国の比亜迪（BYD）、ドイツのフォルクスワーゲン（VW）、日本のトヨタ自動車（TOYOTA）だ。それぞれの興りは異なるものの、米・中・欧・日という各地域の産業の英知を結集した企業であることに疑いはない。今後はその頭文字を取り、「TBVT」などと呼ばれることが増えるだろう。

2008年に起こった世界金融危機の翌年に米ゼネラル・モーターズ（GM）が経営破綻してから、世界の自動車産業をけん引してきたのは日独の雄、トヨタとVWだった。ともに1937年に創業し、長きにわたり両国の経済を支えるなど共通点が多い。グループで年間1000万台近い自動車を販売し、利益面でもしのぎを削ってきた。09年以降は両社のいずれかが営業利益額で世界のトップに立つことが多かった。

自動車世界4強の比較

| | トヨタ自動車 | フォルクスワーゲン | テスラ | BYD |
|---|---|---|---|---|
| 創業 | 1937年 | 1937年 | 2003年 | 1995年 |
| 本社所在国 | 日本 | ドイツ | 米国 | 中国 |
| 最高経営責任者 | 佐藤恒治氏 | オリバー・ブルーメ氏 | イーロン・マスク氏 | 王伝福氏 |
| 売上高 | 37兆1542億円 | 41兆8800億円 | 11兆4000億円 | 8兆3700億円 |
| 営業利益 | 2兆7250億円 | 3兆3200億円 | 1兆9100億円 | 4250億円 |
| 自動車販売台数 | 1048万台 | 848万台 | 131万台 | 186万台 |
| EV販売台数 | 2万4466台 | 57万2100台 | 131万3851台 | 91万1140台 |
| 時価総額 | 約36兆円 | 約11兆円 | 約116兆円 | 約14兆円 |
| 主な特徴 | 最多の自動車販売台数 | 自動車産業で利益額が最高 | EVシェア世界首位 | 電池シェア世界3位 |

注:トヨタ自動車の売上高と営業利益は2023年3月期。他の業績と販売台数は全て22年12月期。業績は23年6月末時点の為替レートで日本円に換算。時価総額は23年6月末時点

トヨタとＶＷがトップを走り続ける中、なぜ大競争時代に突入したのか。それは世界でＥＶへの需要が高まり、１００年以上続いたエンジンを中心とする自動車産業の構造が崩れようとしているからだ。もはやＥＶはニッチではなく、自動車産業の一角を占める巨大な新市場となりつつある。テスラとＢＹＤはＥＶの販売台数を伸ばし、トヨタとＶＷなど既存の自動車大手の産業基盤を脅かしている。

規模で見れば、依然としてトヨタとＶＷが競合他社を圧倒する。トヨタの23年３月期は、売上高が前の期比18％増の37兆１５４２億円、営業利益が同９％減の２兆７２５０億円だった。ＶＷの22年12月期は売上高が前の

注：QUICK・FactSetで算出。月次ベース、単位はドル

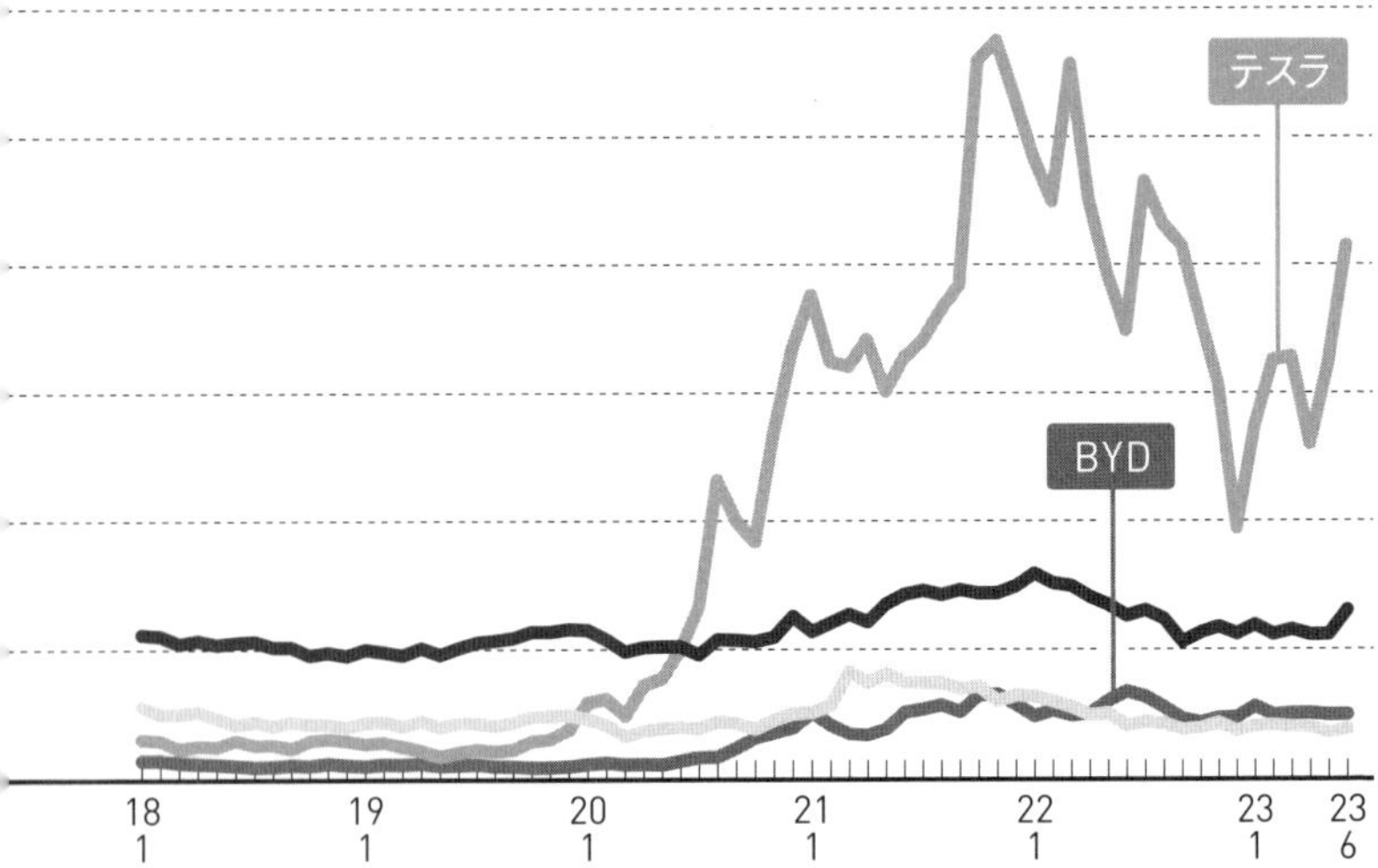


期比12％増の2792億3200万ユーロ（約41兆8800億円）、営業利益が同15％増の221億2400万ユーロ（約3兆3200億円）だった。トヨタとVWは今期、いずれも増益の見通しを示している。トヨタは24年3月期に営業利益が3兆円に達する見込みだ。

## テスラの時価総額はトヨタの3倍以上

しかし、市場の評価を見ると、両社による「圧倒」のイメージは揺らぐ。今後の成長見通しを示す指標の一つである時価総額では、テスラがトヨタとVWを大きく上回っている。

テスラの株価は浮き沈みが大きい。EVの値上げや値下げ、イーロン・マスクCEO（最高経営責任者）の米ツイッター買収などの影

トヨタ、VW、テスラ、BYDの時価総額の推移

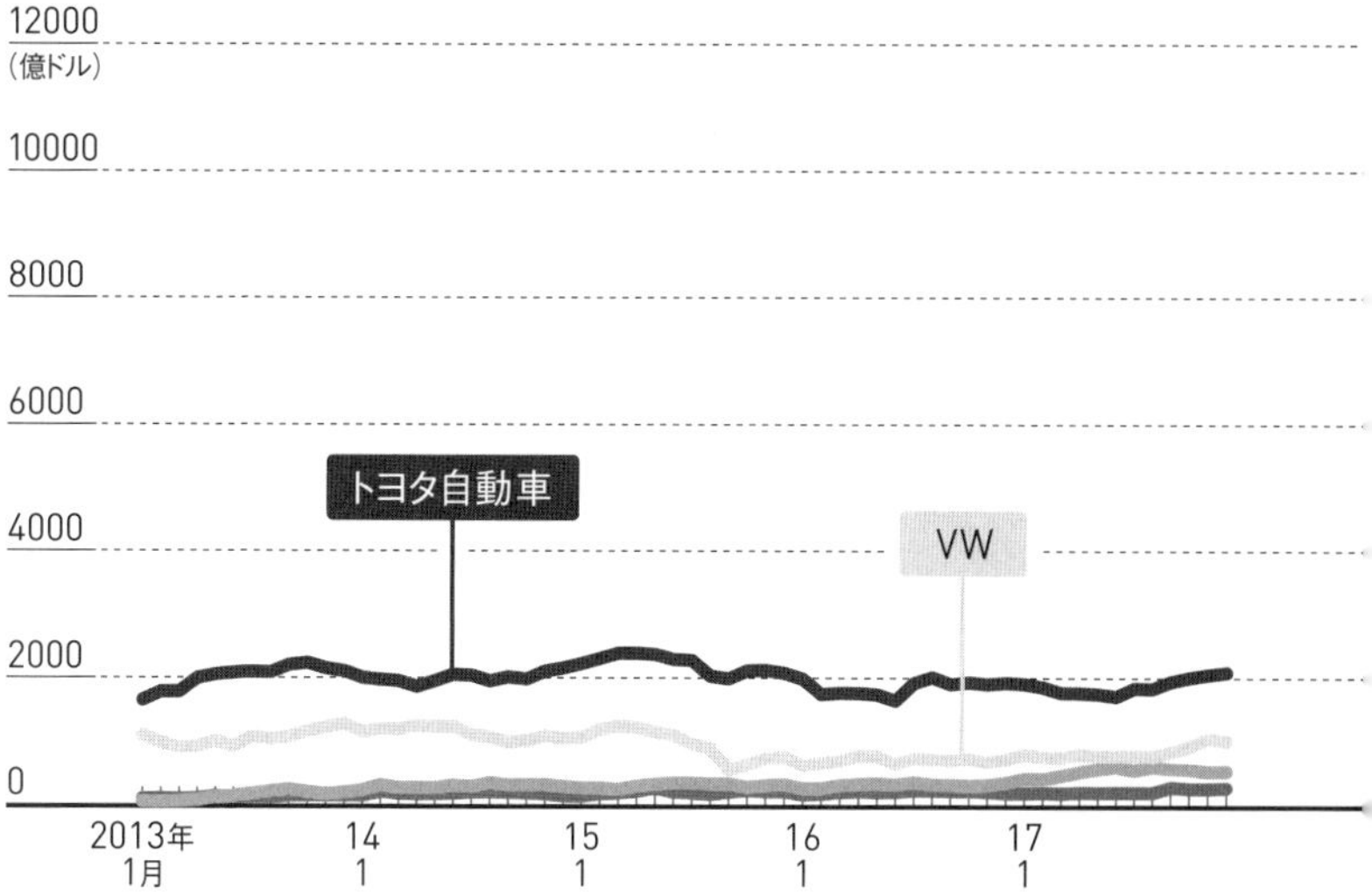


響を受けて乱高下してきた。それでも、ここ数年は自動車メーカーの時価総額で世界一を走り続けている。23年6月末時点の時価総額は8296億ドル（約116兆円）に達する。世界2位のトヨタの約3・2倍という圧倒的なトップだ。

時価総額でトヨタに迫ろうとしているのがBYDだ。特に新型コロナウイルスの感染が拡大した20年以降の伸びは著しく、約1000億ドルに達した。19年12月末からの伸び率で見れば5倍以上の水準だ。

BYDは08年、著名投資家ウォーレン・バフェット氏率いる米バークシャー・ハザウェイが出資したことで注目を集めた。それから15年ほど。EV需要急増の追い風を受け、自動車メーカーの時価総額で世界3位まで上り

トヨタ、VW、テスラ、BYDの時価総額の増減率（2019年12月末を1とした場合）

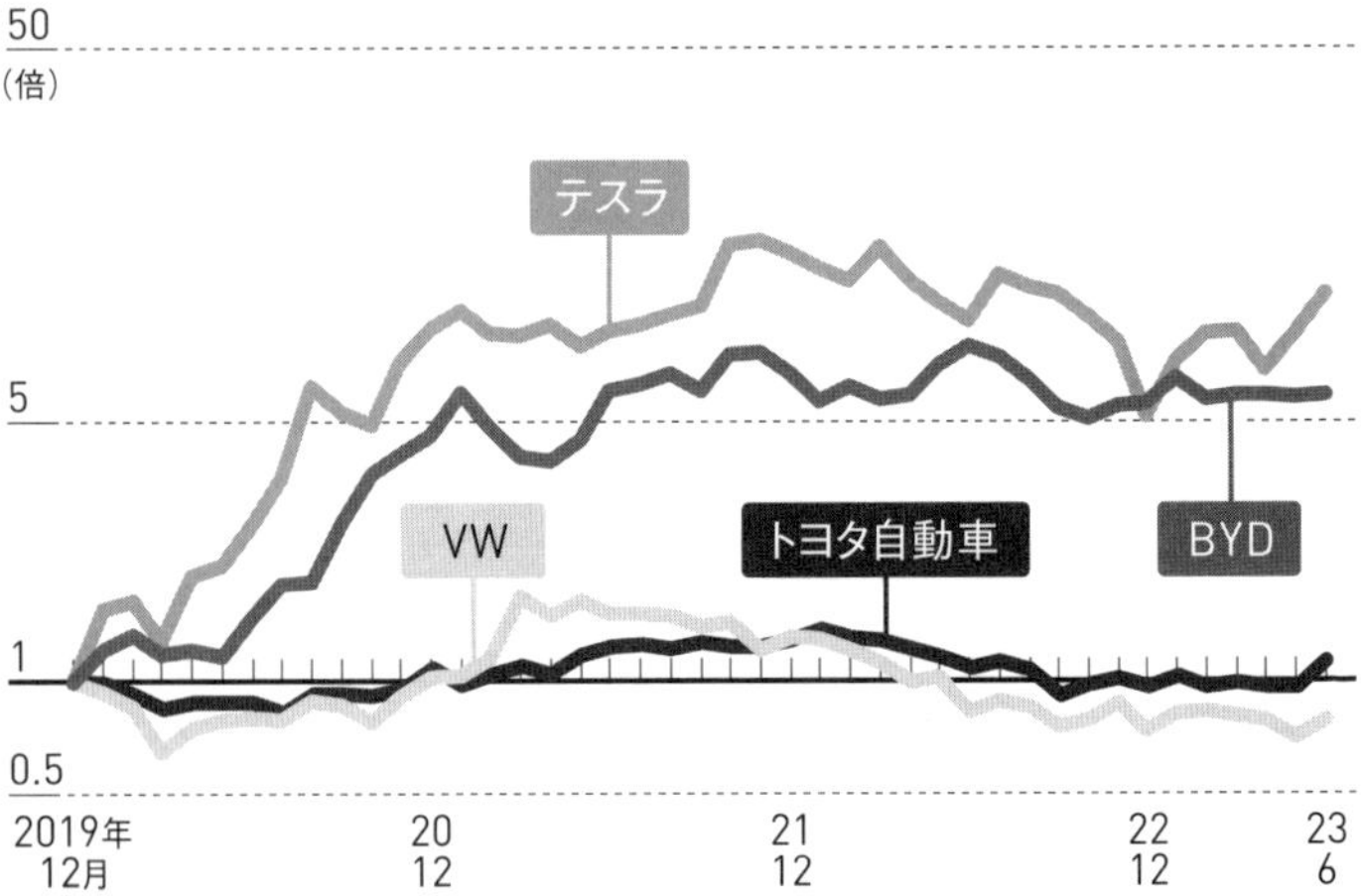


注：QUICK・FactSetで算出。月次ベースのドル換算の値を使い、2019年12月末に対する増減率を対数グラフで示した

詰めた。その急成長ぶりは、「投資の神様」と呼ばれるバフェット氏の面目躍如といったところだ。

テスラやBYDが市場からの評価を高めた最大の理由は、やはりEV販売だろう。調査会社マークラインズによると、世界のEV販売台数1位はテスラで約127万台、2位がBYDで約87万台だ。それに対して、VWは4位の56万台。トヨタに至っては2万台にとどまり、28位に沈んでいる。23年1～6月期のEV販売台数はテスラが88万台、BYDが63万台、VWが32万台、トヨタが4万台と、この傾向は続いている。

もちろん、EVが世界の自動車販売に占める割合はまだ10%程度にすぎない。数万台規

世界の自動車販売台数ランキング（2022年、メーカー・ブランド別）

| 順位 | メーカー・ブランド | 台数（万台） |
|---|---|---|
| 1 | **トヨタグループ（日）** | **987.9** |
| 2 | フォルクスワーゲン・グループ（独） | 790.4 |
| 3 | 現代自動車・起亜グループ（韓） | 636.3 |
| 4 | ルノー・日産・三菱（仏・日） | 599.4 |
| 5 | ゼネラル・モーターズグループ（米） | 572.2 |
| 6 | ステランティス（欧） | 566.1 |
| 7 | ホンダ（日） | 379.6 |
| 8 | フォード・モーターグループ（米） | 369.4 |
| 9 | スズキ（日） | 285.3 |
| 10 | BMWグループ（独） | 216.7 |

出所：マークラインズ
注：ゼネラル・モーターズ（GM）は上汽GM五菱ブランドを含む。
　一部推定値を含む。メーカーの発表値とは異なる場合がある

世界のEV販売台数ランキング（2022年、メーカー・ブランド別）

| 順位 | メーカー・ブランド | 台数（万台） |
|---|---|---|
| 1 | テスラ（米） | 126.8 |
| 2 | BYD（中） | 86.8 |
| 3 | ゼネラル・モーターズグループ（米） | 70.4 |
| 4 | フォルクスワーゲングループ（独） | 56.4 |
| 5 | 吉利控股集団（中） | 36.1 |
| 6 | 現代自動車・起亜グループ（韓） | 34.5 |
| 7 | ルノー・日産・三菱（仏・日） | 28.3 |
| 8 | 広州汽車集団（中） | 27.1 |
| 9 | ステランティス（欧） | 25.0 |
| 10 | 上海汽車集団（中） | 22.6 |
| ⋮ | | |
| 27 | ホンダ（日） | 2.7 |
| **28** | **トヨタグループ（日）** | **2.0** |

出所：マークラインズ
注：ゼネラル・モーターズ（GM）は上汽GM五菱ブランドを含む。
　一部推定値を含む。メーカーの発表値とは異なる場合がある

模の販売に順位を付けることにあまり意味はない。それでも、テスラやＢＹＤとトヨタとの間には文字通り「桁違い」の差があることは知っておくべきだろう。

収益性の高さを示してきた実績も株価上昇の背景にある。

営業利益率で突出しているのはテスラだ。同社の22年12月期の営業利益率は16・8％。トヨタの7・3％（23年3月期）より大幅に高い。これは、テスラが1台から稼ぐ額が突出していることによるものだ。ＥＶの中でも高価格帯の車種が多いテスラは、販売1台当たりの営業利益が約1万ドル（約140万円）に達し、トヨタのそれを大幅に上回る。

ＢＹＤも収益力を高めている。22年12月期はＥＶの販売増が寄与し、純利益が前の期比5・5倍の166億元（約3200億円）に達した。その勢いは23年に入ってからも衰えない。1～3月期の純利益は前年同期比5・1倍の41億元（約800億円）だった。23年のＥＶ販売台数は150万台を視野に入れており、テスラ追撃の1番手になっている。

## イーロン・マスクと王伝福の共通点

規格外のスケールを持ち、ちゃめっ気たっぷりの男――。テスラのイーロン・マスクCEOにインタビューしたときに抱いたのは、そんな印象だった。

時は2014年9月。マスク氏が高級EV「モデルS」の日本での発売をアピールするために来日したタイミングだった。04年に創業期のテスラに出資し、会長を経てCEOに就任。10年には米国の自動車会社として54年ぶりの株式上場を果たしたマスク氏。当時から米国での知名度は高かったが、日本ではまださほど知られていなかった。

その日の午前中、マスク氏は六本木ヒルズでモデルSをそばに置きながら記者会見に臨んだ。普段はラフなTシャツ姿で登場することも多いマスク氏だが、その日はダークスーツを着込んでいた。その後に安倍晋三首相（当時）と首相官邸で会談する予定があったためだろう。

2014年に日経ビジネスのインタビューに応じたテスラCEOのイーロン・マスク氏。自ら進んでポーズを取ってみせた　（写真：的野弘路）

## 「EVが年間5000万台」と予言

「今後15年以内にEVが年間5000万台生産される日が来ると信じている」。マスク氏はインタビューでこう言い切った。当時の15年後に当たるのは29年。そのときは荒唐無稽な話に聞こえたが、今では実際にそのような予測も出てきている。

その上でマスク氏は、こちらをまっすぐ見つめながら真剣な表情で「会社の成長よりも、EVをもっと普及させることの方がはるかに重要だ。それが世界にとって良いことだからだ」と語った。

そして、こう続けた。「自動車大手とEVで激しく競争することを心から望んでいる。なぜなら、それはＥＶの販売台数が増え、技術がより進化することを意味するからだ」。[10]年近く前にマスク氏が望んでいた状況が今、現実のものとなっている。

　マスク氏は当時40代前半。静かに語り続ける精悍《せいかん》な顔つきが印象的だった。そんな中で、後に22年のツイッター買収時のリストラで見せた剛腕ぶりと対極にあるような〝ちゃめっ気〟を見せる場面もあった。

　インタビューが一通り終わり、最後に撮影という段取りになった時だ。タイミングが悪いことに、熟練フォトグラファーの機材にトラブルが発生してしまった。必要な写真が撮れなくなるかもしれないと焦る取材陣。その雰囲気を察したのか、マスク氏は突然、ロダンの「考える人」のようなポーズを取ったり、スーツの裾をひらめかせたりし始めた。おどけて雰囲気を和ませようとしたのだ。周囲に笑顔が広がっていく。フォトグラファーも緊張が解け、落ち着いてトラブルを復旧。無事に写真を撮影できた。その1枚が『日経ビジネス』の表紙を飾ることになった。

　マスク氏は、実は日本のお笑い番組のファンだった。その来日では「お笑い芸人に会わせてくれるなら出てもいい」という条件でＴＢＳの番組に出演。楽しそうに番組に溶け込み、お笑い芸人たちとの掛け合いに興じ、満面の笑みを見せていた。そこにマーケティングの要素はほとんどない。「物事を面白がる人」の真骨頂を垣間見た。

このユニークな経営者が、後に世界一の富豪になるとは誰が予想しただろうか。日産自動車が10年に量産EVを発売してからも、自動車業界では「EVは普及しない」というのが定説だった。EVだけを手掛けるテスラは当初、販売が伸び悩み、何度も経営危機に陥った。それでも、マスク氏は業界の常識を覆す手法を次々と繰り出して危機を乗り越え、テスラをEVの世界最大手に育て上げた。

下克上の時代には、時代の寵児《ちょうじ》がいる。自動車業界において、それはマスク氏にほかならない。宇宙開発の米スペースXや、身体に埋め込む機器を手掛ける米ニューラリンクなども経営し、今では世界のビジネス界の中心人物と言える。世界は、この男から目が離せない。

## 「中国の電池王」がEVに進出

マスク氏が米国でスター経営者への道を上り詰めている間に、太平洋をはさんだ中国にもスター経営者が生まれつつあった。BYDの王伝福董事長だ。

内陸部安徽省の農家に生まれた王氏は、政府系研究機関の研究者を経て、まだ20代だった1995年にBYDを創業した。社名のBYDは「Build Your Dreams」の頭文字を取ったと後に説明している。王氏は携帯電話向けリチウムイオン電池を開発し、その供給拡大により世界で「電池王」と呼ばれた。

2003年には国有自動車会社を買収し、自動車事業に参入。08年には米バークシャー・ハザウェイの出資を受け、EVの開発を地道に進めてきた。中国のEV優遇政策でEV需要が急増すると一気に存在感を高め、EV販売台数を伸ばしている。22年にはガソリン車の生産を終了し、EVのラインアップ拡充のペースを上げている。

10年11月、中国・深圳市で開催されたEV・電池の国際見本市「EVS 25」で、人だかりの中でひときわ大きな声を張り上げる人物がいた。BYDの王氏だ。間近で写真を撮影されても意に介さない。視察に訪れた大物政治家に対し、身ぶり手ぶりを交えて熱心に自社の商品や技術を説明していた。中国で開催された〝EVの祭典〟で、我こそは主役という思いもあったのだろう。

この頃BYDは、いち早くリン酸鉄系(LFP)リチウムイオン電池の採用を決めていた。コバルトやニッケルなどのレアメタル(希少金属)を使わないのが特徴で、性能はやや落ちるが、コストが安いメリットがある。利用が少なかったLFPに早くから目を付けた実績

BYD創業者の王伝福董事長は「電池王」という異名をとる。写真は2010年に中国・深圳市で開催されたEV・電池の国際見本市「EVS25」での様子

が象徴するように、BYDの電池開発には定評があった。

ただ、どれだけEVの販売を伸ばせるかという実力は未知数だった。当時の深圳市ではBYDのEV「e6」が50台ほど、タクシーとして利用されていた。実際に乗ってみると、後部座席の位置が他の車より若干高いと感じた程度で、乗り心地は悪くなかった。大きな充電容量を確保するために多数の電池を搭載したのだろう。それでも、他の都市でBYDのEVを見かけることはほとんどなかった。

それから10年ほどの時を経て、BYDは中国のみならず、世界の脚光を浴びる存在になっていく。もともと電池メーカーだったという強みを生かして高い電池シェアを獲得し、電池が中核部品であるEVの市場でも主役の一角を張るようになった。

## 欧州でも高まる存在感

22年10月のパリ国際自動車ショー。コロナ禍を経て4年ぶりの開催となったが、VWやメルセデス・ベンツ、BMWのドイツ勢が出展を取りやめるなど従来型の自動車ショーの存在価値が問われる節目でもあった。その中で話題をさらったのがBYDだった。本格的な欧州への進出を高らかに宣言し、22年末までにドイツや英国、フランスで3車種の販売を始めるとした。

BYDはパリ国際自動車ショーで、欧州における最初の顧客への納車式を実施した。「TANG」を購入したオランダ在住のジェリーさんは「仕事でBYDのフォークリフトを扱う機会があり、品質には信頼を置いている」と話す。特に車内のエンターテインメント機能などが気に入っているようだ。みずほ銀行ビジネスソリューション部の湯進・主任研究員は、「車内エンターテインメントではBYDなど中国勢が先頭を走る。欧州でも特に若い世代は、こうしたソフト面を評価するだろう」と分析する。

中国製EVは、欧州の一部の国では既に実績がある。ノルウェーの電池スタートアップ

2022年のパリ国際自動車ショーでEVを発表するBYD

であるフレイル・バッテリーでCTO（最高技術責任者）を務める川口竜太氏は、「ノルウェーで販売されている中国勢EVは歴史が浅いので耐久性は分からないが、品質では世界大手に追い付いている」と指摘する。実際、欧州の自動車アセスメントプログラム「Euro NCAP」で高い評価を受けている。

テスラのマスク氏とBYDの王氏には多くの共通点がある。まず、2人ともその生い立ちにおいて、起業しやすい環境が整っていた訳ではない。南アフリカ出身のマスク氏は米国に渡った後、貧しい生活を経験した。日経ビジネスのインタビューでは「起業した当時は一文なしで、小さなオフィスに寝泊まりし、歩いて数ブロック先にあった『YMCA』

でシャワーを浴びていた」と話した。一方の王氏は農家の出身で、政府系研究機関の研究者からはい上がった。共にハングリー精神にあふれている。

そして、会社の自動車事業が軌道に乗る前からビジネスモデルへの評価が高かったのも共通点だろう。マスク氏は長者番付上位の常連であり、王氏もバフェット氏が率いる投資会社の出資を受け入れた後に、中国長者番付のトップになった。両者はそこで満足することなく、地道に技術やビジネスモデルを磨いてきた。

03年前後にEV事業に本格参入したというタイミングも符合する。悪戦苦闘しながらEVの開発を続け、競合他社がEVから撤退する中でもあの手この手で生き残ってきた。およそ20年をかけて商品力を高め、強固なビジネスモデルを築いた〝歴史〟を持つ。マスク氏も王氏もこの数年のEVブームでスターの座に駆け上がったのではない。長い下積みの経験の上に今があるのだ。

# テスラとBYD、「垂直統合」の果実

テスラのマスクCEOは日本と浅からぬ縁を持つ。テスラは三洋電機（後のパナソニック）から電池を調達して、初代のEV「ロードスター」を完成までこぎ着けた。

日本が危機の際には駆けつけた。2011年3月に日本を揺るがした東日本大震災。東京電力福島第1原子力発電所の事故が起き、エネルギー問題が日本を襲った。震災直後にマスク氏は太陽光発電装置を福島県相馬市に寄贈し、7月には着工式のため来日した。着工式では「寄贈が未来への希望につながればと思う」と語っている。

太陽光発電装置の寄贈自体は震災復興のボランティアの側面が強い。ただ、テスラのビジネスモデルの一端も示している。テスラは創業当時から単にEVを手掛けるだけではなく、太陽光発電や蓄電、給電などエネルギーインフラを含めたビジネスモデルを志向してきた。

## 「EVはもうからない」定説を覆す

「EVはエンジン車よりもうからない」。これが自動車大手の間では定説だった。しかし、テスラとBYDはEV時代に稼ぐビジネスモデルを確立しつつある。

キーワードは「垂直統合」だ。両社は10年ほどかけて、商品開発から材料の調達、生産、販売までのバリューチェーンの主要部分を自社で手掛ける体制を整えてきた。

テスラはEVの企画・開発から主な部材の調達、EVの生産、販売を自社で一貫して担っている。特に電池の生産にはこだわっており、半導体設計やソフトウエア開発も早くから重視してきた。電池材料を生産する鉱山会社とも直接契約し、充電インフラも整備するという徹底ぶりだ。

また、販売ディーラーを通さずにオンラインで直接販売できる点も大きい。ディーラーは消費者との接点としてきめ細かいサービスを提供できるが、その分コストがかさみ、販売価格を押し上げる要因になっていた。テスラはその役割を排除して大幅なコストダウンを実現している。既存の自動車大手はディーラーとの長い関係があるため、直販への移行は簡単ではない。

さらに、自前で急速充電規格「NACS」をつくり、充電ネットワークを整備。自社EVユーザーのためのサービスとみられてきたが、23年に入るとその利便性の高さに目を付けた自動車大手が相次いでNACSの採用を表明。米国のゼネラルモーターズやフォード・モーターだけではなく、スウェーデンのボルボ・カーや日産自動車など世界中の自動車メーカーがテスラ方式になだれ込んでいる。テスラは、こうしたメーカーのEVユーザーが充電設備を利用する度に課金収入を得られることになる。米テック大手の「GAFA」のようなプラットフォーマーになる可能性を秘めている。

BYDも垂直統合モデルに磨きをかけている。もともと電池メーカーであり、原材料の調達には強みがある。自社の工場では、「ブレードバッテリー」と呼ぶ剣のように細長いセルの電池を生産している。EVモーターの制御などに使うパワー半導体の開発や生産も手掛ける。

電池やパワー半導体は自社のEVに使うだけではなく他のメーカーに外販し、量産効果を高めてコストを低減している。これらはいずれも供給量の制約があるため、BYDの価格決定権が強い。このため「他社のEVコストを上昇させてBYD製EVのコスト競争力を高めている」との指摘もある。

当然ながら、自社開発には時間とコストがかかる。このためテスラとBYDは長い間、収益が低迷していた。黒字化するまで創業から約20年を要したテスラは、経営危機がささやかれる時期が何度もあった。それでも両社は苦しい時期を何とかしのぎつつ、外部からスペシャリストを厚遇で招いて必要な技術を習得。開発や生産の力を高めていった。電池や半導体の不足が起こった時、多くの完成車メーカーは生産量を減らしたが、両社は内製品の活用で影響を抑えた。世界的なサプライチェーン（供給網）の混乱が、両社にとっては存在感を高める追い風となった。

テスラの初期モデルである「モデルS」「モデルX」については、クルマとしての品質に疑問を呈する人が少なくなかった。だが、その後の「モデル3」「モデルY」は、走る・曲がる・止まるという基本性能が大幅に向上したと評価されている。テスラは今後、生産工程の大幅な見直しにより、次世代車の生産コストを従来車の半分に抑える方針だ。マスクCEOは2万5000ドル（約350万円）のEVの開発を明らかにしている。

BYDのEVも、自動車評論家たちの評価は上々だ。筆者もノルウェーで試乗したが、運転時に違和感を覚えることはほとんどなかった。みずほ銀行ビジネスソリューション部の湯氏はBYDのEVについて「充電当たりの航続距離が長い上に価格を大幅に抑えたことで爆発的に売れた」と指摘する。

## 見えぬ既存大手の収益モデル

自動車市場のトップ企業として君臨してきたトヨタとＶＷは、エンジン車における確固たる品質とブランド、そして強固な収益モデルがある。トヨタは系列を利用した垂直統合モデルを構築。ＶＷは独ボッシュや独コンチネンタルなどのメガサプライヤーと連携しながら、経営効率の向上を図ってきた。

だが、両社はまだＥＶ時代の収益モデルを確立できていない。ＥＶ販売が少ないだけではない。エンジン車の資産が大きいために、開発や生産の体制をＥＶに特化した形にするのが難しいのだ。例えば、エンジン開発に従事していたエンジニアに、ＥＶやソフトウエアの高度なスキルを身に付けてもらうのは一朝一夕にはできない。テスラやＢＹＤが悪戦苦闘しながら内製のノウハウを積み上げてきたように、大規模な投資をしてから技術力を高めるまでには時間がかかるのが常だ。

収益モデルを確立するまでの間に大きな打撃となりそうなのが、米国と中国の強烈なＥＶシフトだ。これまでトヨタは米国市場、ＶＷは中国市場をドル箱にしてきた。その収益モデルの維持が難しくなりそうだ。

中国はＥＶなど新エネルギー車（ＮＥＶ。ＥＶ、プラグインハイブリッド車、燃料電池車が該当する）の購入を補助する政策を12年ごろに本格化させた。紆余《うよ》曲折を経ながらメニューを拡充してきた結果、22年の中国市場におけるＮＥＶの販売台数は６８８万台に達した。中国汽車工業協会は、23年の中国の新車販売台数が22年比３％増の２７６０万台になる中、ＮＥＶは35％増の９００万台と新車全体の３割を占めるようになると予測している。

１９８５年に中国へ進出したＶＷは、長きにわたり中国市場でシェアトップを維持し、世界戦略の中心として中国市場を位置付けてきた。しかし、中国の強烈なＥＶシフトと地場メーカーの躍進の中で、シェアを落としている。

そして、歴史的な転換点を迎えつつある。２０２３年１～３月期に、ＢＹＤがシェア首位の座をＶＷから奪ったのだ。「中国市場の巻き返し策をどうするのか」。ＶＷは23年５月の株主総会で株主からこう問われた。

米政府は22年８月に成立したインフレ抑制法（ＩＲＡ）により、北米で最終的に組み立てられ、さらに材料や部品の一定割合を指定地域で調達、製造したＥＶに優遇措置を適用している。さらに23年４月には米環境保護局（ＥＰＡ）が、32年モデルの乗用車の二酸化炭素

（$CO_2$）排出量を、26年モデルに比べ平均で56％減らすよう規制すると発表した。ＥＰＡは32年モデルの乗用車のうちＥＶが67％を占めるようになると見込む。22年の販売台数から単純計算すると、９２０万台規模の巨大なＥＶ市場が米国に生まれることになる。

米国市場で稼いできたトヨタは、３列席の多目的スポーツ車（ＳＵＶ）型ＥＶの現地生産を25年から始めることや、電池工場の生産を増強することを発表した。ただし、テスラや他の自動車メーカーを相手にＥＶで稼げるようになるかは不透明だ。

製品を開発するだけでなく、内部の部品やソフトも自ら手掛け、販売や充電インフラなども担って垂直統合を突き詰めるテスラの経営は、石油事業で財をなした米国のジョン・ロックフェラー氏を彷彿とさせる。ロックフェラー氏はコスト削減のために垂直統合を進め、石油のドラム缶まで生産したという。圧倒的な安値で競合他社を疲弊させ、一気にシェアを高め、石油メジャーの原型をつくった。

石油の時代を終わらせる使命を掲げるマスク氏の経営戦略がロックフェラー氏と重なる部分があるのは、競争戦略の本質を示しているのかもしれない。このスピード感とスケール感に、既存の自動車メーカーは対抗できるのだろうか。

## 勝負を決する〝第3世代〟のEV

テスラやBYDがEV開発に悪戦苦闘していた2010年前後、EVメーカーとして頭角を現した日本企業があった。日産だ。

09年8月、日産は東京の銀座に構えていた本社を横浜市に移転させると同時に、新型EV「リーフ」を披露した。会見場の壇上には当時のカルロス・ゴーン社長がリーフを運転しながら登場。リーフの助手席から姿を見せたのは小泉純一郎元首相だった。

当時は三菱自動車が小型EVを発売し、トヨタもEVを発売するなど、にわかにEVブームの様相を呈していた。日産と仏ルノーは16年度までにグループでEVを150万台販売するという野心的な目標も掲げた。しかし、実際の販売台数はその目標に遠く及ばず、EVブームは冷めていく。

「ゴーンさんの話に乗ったのが間違いだった」。ある材料メーカーの首脳は後にこうぼやいた。当時、日産が掲げた目標に合わせて日本国内では多くの材料メーカーが電池材料の増産体制を整えたが、当てが外れてしまったのだ。

## 30年にはEVが最低3100万台に

盛り上がりを見せてはしぼむことを繰り返してきたEVだが、欧州や中国で市場が急拡大した20年ごろからの動きは、もはや「ブーム」では収まらない状況だ。国際エネルギー機関（IEA）の23年の発表によると、22年に730万台だった世界のEVの年間販売台数は、30年に最低でも3100万台を超える見通しだ。ボストン・コンサルティング・グループは、世界の新車販売に占めるEVの比率が、30年に39%、35年に59%に達すると予測する。

こうした市場予測を前提にすると、現状の市場規模はまだ小さいと分かる。今はまだ序盤戦なのだ。

実はEVの歴史は古い。一般に「自動車の発明」は、1886年にドイツの技術者カール・ベンツが原動機付き3輪車の特許を取得したことだとされる。その前から、電動式の車両は存在していた。英国などで開発され、米国でも一定のシェアを占める時代があった

国際エネルギー機関(IEA)によるEVの世界販売台数予測

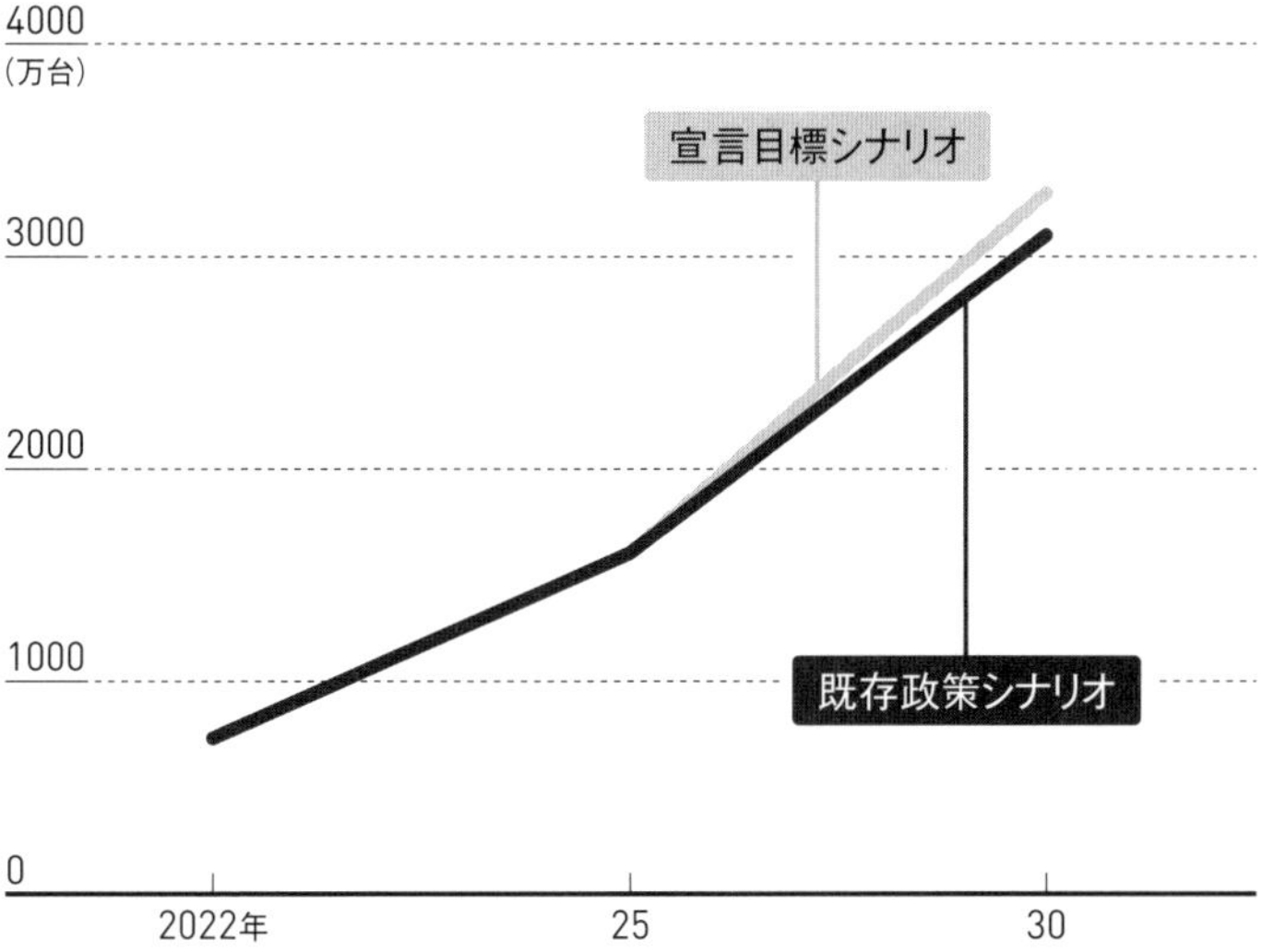


のだ。

　しかし、航続距離が短く使い勝手が悪いという課題を乗り越えられず、エンジン車に駆逐された。時代から忘れ去られたEVは、熱心なエンジニアが手作業で造り上げることはあっても、量産されることはなかった。これがEVの〝ゼロ世代〟だ。

　EVの〝第1世代〟は、エンジン車をベースにEVを開発した車両だ。1990〜2010年代前半にかけて、いくつものEVが生まれた。トヨタ自動車はテスラと提携し、同社から調達した電池などを活用してSUV「RAV4 EV」を発売。VWも「eゴルフ」などを発売した。しかし、これらのEVはエンジン車に比べて価格が大幅に高く、限定的な普及にとどまった。高いから売れず、売れないから量産効果が出ない。結局、この世代のＥＶはコストが高いままだった。日産が世界をリードしたのは、この時代だ。

これを打ち破ったのが〝第2世代〟のＥＶだ。ＥＶ専用の車台（プラットホーム）を開発し、少ない車種で量産効果を得ようとした。テスラやＢＹＤがＥＶを量産し始めたほか、ＶＷは15年ごろに「ＭＥＢ」というＥＶ専用のプラットホームを開発し、量産型のＥＶを開発した。

この分野ではＥＶ専業のテスラとＢＹＤが他社を圧倒している。両社のＥＶ販売は年間１００万台規模になりつつあるが、ＶＷはまだその規模に達していない。

## あつれきを乗り越えて

既存の自動車大手にとって大一番となるのが、25年以降の〝第3世代〟のＥＶだ。用途に合った乗り心地や車内の機能をソフトウエアで定義するＥＶであり、第2世代以上の量産効果を狙える。

しかし、開発は簡単ではないだろう。まず、従来の開発体制がネックになる。エンジンを中核として細部を設計しながら車種を開発していく体制と、電子基盤（プラットフォーム）

に載せるソフトウエアで車両の機能を定義していく体制は、発想が根本的に異なる。これまでの開発体制を根底から壊して、ソフトウエアを中心に各部署が一体となる必要があるが、巨大な自動車メーカーにとって簡単なことではない。

既にテスラのＥＶはソフトが定義する領域が広くなっており、第3世代ＥＶに足を踏み入れているともいえる。だからこそ、トヨタやＶＷにとって、第3世代ＥＶの開発が急務になっているのだ。

さらに根本的な問題もある。08年のリーマン・ショック以降、自動車大手は開発効率を高めるために、自動車開発の重要な部分の多くをサプライヤーに委託してきた。結果として強大な力を持つ部品メーカーが生まれ、「メガサプライヤー」ともてはやされた。エンジン車の開発における効率的な分業を追求してきた分、ＥＶ時代に合わせたビジネスモデルへの変化が難しくなっているのだ。

自動車大手は今こそ、ＥＶ時代に合ったビジネスモデルと製品をつくり上げなければならないが、まだその理想像は見えていない。あつれきが生じることを恐れず、変化に挑まなければ、第2世代のＥＶで先行する企業たちに市場の多くを奪われてしまうだろう。

では、巨大企業が大胆な事業構造の転換を図る際には、どのような課題が立ちはだかるのだろうか。そして、それをどのように乗り越えればいいのか。

その参考になる存在が、EVシフトにいち早くかじを切ったVWだ。15年に発覚したディーゼル車の不正問題によって変わらざるを得ない状況に追い込まれたことで、経営資源を大胆にEVとその周辺領域に投じている。既存の自動車メーカーの近未来を占う「先兵」として変革に挑むVWの実情を次章で見ていこう。

# 第2章

# フォルクスワーゲン〝地獄〟からのＥＶシフト

テスラは我々のベンチマークだ

**――独フォルクスワーゲン**
**ヘルベルト・ディース前CEO**

グループ従業員数は約67万人、自動車の年間販売台数は約848万台（2022年）、年間売上高は約2792億ユーロ（約42兆円。22年通期）――。経済大国ドイツを背負って立つ、ドイツ最大の企業。それがフォルクスワーゲン（VW）グループだ。

その姿は、日本におけるトヨタ自動車と重なる。ともに、関連会社やサプライヤーを含め、それぞれの国で最大規模の雇用を生み出している企業だ。そして、自動車産業の「電動化」という歴史の転換点に立っているのも同じである。

多くの部分で類似する両社だが、大きく違うことが1つある。それは、時間軸だ。

VWはかつてディーゼルエンジン車で世界トップの座を狙ったが、15年に不正が発覚し、窮地に追い込まれた。ハイブリッド車（HV）で先行するトヨタ自動車に対抗する手段として、VWが会社の命運を懸けたのが電気自動車（EV）への転換だった。以来、EVの開発や販売、ビジネスモデルの確立に奮闘してきた。

今、中長期的に世界でEVの需要が高まるという見立てで両社は一致する。トヨタ自動車もEVへの転換を加速させる方針を明確にした。つまり、いち早く変化を迫られたVWがこれまでに直面してきた課題は、これからトヨタが直面する課題ともいえるのだ。

エンジンを中心に成り立ってきた自動車産業の強固なエコシステム（生態系）を変えようとすると何が起こるのか。様々な問題を抱えながらも進む、VWの大変革を追った。

## 劇薬の〝外様〟CEOが進めた破壊

2015年10月に東京ビッグサイトで開催された「東京モーターショー」。VWの展示ブースで、細身のスーツを身にまとった男性が額に汗を浮かべながら、長時間にわたり記者からの質問を受け続けていた。

男の名はヘルベルト・ディース。当時はVWの乗用車ブランドのCEO（最高経営責任者）を務めており、18年にVWのCEOに就く人物だ。記者発表の役目を果たした後も展示ブースに残り、記者一人ひとりの質問に全て答えようとし、謝罪を繰り返した。「逃げてはいけない」。そんなディース氏の必死さが伝わってきた。

東京モーターショー直前の9月、VWでは経営の根幹を揺るがす不祥事が起きていた。VWのディーゼル車に、排ガス試験中だけ有害物質の排出を抑えるソフトウエアを搭載

2018〜22年にVWグループCEOを務めたヘルベルト・ディース氏。19年3月に日経ビジネスなどのインタビューに応じた

していたことが発覚したのだ。この不正でVWの信用も株価も失墜した。VWにとって〝地獄〟とも言えるような時期だった。

VWにとって急務だったのは、ディーゼル不正で染み付いたダーティーなイメージを拭い去ることだった。柔らかい物腰で周囲に好印象を与えるディース氏が記者会見などで前面に出る機会が増えていった。

## ドイツ政府と一蓮托生に

VWの不正が明るみに出たのは米国だった。ドイツ政府のメンツは丸つぶれだ。基幹産業での組織的な不正はドイツの威信に関わり、VWの競争力低下はドイツの産業や雇用に悪影響を与えかねない。自動車産業が二酸化炭素（CO2）の削減を迫られる中、ディーゼル車に見切りをつけてEVシフトを積極的に進めるべきだと判断した。その点でドイツ政府とVWは一蓮托生《いちれんたくしょう》になった。

16〜17年にかけて、VWは財務状況を見ながらEV投資を段階的に増やした。ところが、改革スピードが上がらないことに創業家が業を煮やす。不正発覚直後に就任したマティアス・ミュラーCEOの解任を決め、18年4月にディース氏を抜てきする。ここからVWの背水のEVシフトが加速していった。

CEO就任から半年ほどたった18年11月、ディース氏は23年までの5年間でEVなど新技術に440億ユーロ（約6兆6000億円）を投じる計画を発表。「VWは破壊されるのではなく、破壊する側になる」と強調した。

この間、VWは幸運にも恵まれる。中国市場が好調だった上、利益率の高い多目的スポーツ車（SUV）の販売が伸びたのだ。キャッシュフローが好転してEVシフトを進める原資を確保すると、毎年のように投資額を上積みしていく。

ただ、その時点では既存車種から派生させたEVしかなかった。「eゴルフ」や「eアップ！」などのEVの実力に、多くの市場関係者やメディアが疑問のまなざしを向けていた。実際、傘下のアウディのEV専用車種「eトロン」は販売が伸び悩んでいた。19年3月に筆者が訪れたブリュッセル工場では、販売台数の少なさを示すように生産ラインがゆっくりと流れていた。その活気のなさは、ＥＶシフトの先行きを不安にさせるほどだった。

同じ月にスイス・ジュネーブで開催された「ジュネーブモーターショー」。日経ビジネスなどのインタビューで、「まだＥＶの販売は伸びていない。ＥＶ時代が来なかった場合のプランＢを用意しているのか」と問われたディース氏は、真剣な面持ちでこう答えた。「プランＢはない」

目の前に座ったディース氏の心の内は分からなかった。実際は不安だったのかもしれないし、組織が動揺しないことを重視したのかもしれない。いずれにせよ、退路を断ってＥＶシフトに挑む強い決意を示していた。

ＥＶシフトには様々なリスクが伴う。それでもＶＷが思い切った改革を進めたのは、ディーゼル（Ｄｉｅｓｅｌ）不正の発覚に加えて、ディース（Ｄｉｅｓｓ）氏という破壊者の存在が大きい。ＶＷはまさに「Ｄｉ-Ｄｉショック」によって、劇的にＥＶシフトを進めたのだ。

## ＥＶ専用工場での独首相の「演出」

ｅトロンの生産開始から半年以上たった19年11月。ＶＷはＥＶ専用車台（プラットホー

19年11月、メルケル首相（当時）がVWのツウィッカウ工場を訪れ、量販EVの生産開始を祝った

ム）を使った初の量販EV「ID・3」の生産開始を祝うイベントをドイツ東部のツウィッカウ工場で開いた。特設会場は様々な装飾で彩られ、華やかな雰囲気に包まれていた。

スーツに身を包んだ屈強そうな男たちが会場に現れると、紫のジャケットをまとった女性が壇上に姿を見せた。ドイツのアンゲラ・メルケル首相（当時）だ。

「ツウィッカウ工場はドイツ自動車産業の未来の柱石になる」。スピーチ後、工場の従業員たちも壇上に上げて一緒に写真に納まり、一体感を醸成するメルケル首相。ディース氏と並んで工場を回り、握手をしながら従業員を激励した。

メルケル首相がこのような「演出」をしたのは、EVシフトには従業員の理解が不可欠だからだ。ＶＷは長い間、部品点数の多いエンジン生産を中核とする自動車製造で世界中の雇用を支えてきた。エンジン生産が減ることへの恐怖は拭いがたいものだった。

ドイツ企業では従業員が強い権限を持つ。例えば、取締役の人事権を持つ監査役会に従業員代表が加わるという仕組みがある。ＶＷでは従業員代表のベルント・オスターロー氏が、最古参の監査役会メンバーとして経営に大きな影響を与えていた。経営陣はＥＶシフトで雇用が減らないとアピールするものの、オスターロー氏は雇用削減の動きをけん制。ＥＶシフトの急先鋒《せんぽう》に立つディース氏のＣＥＯ任期の延長にも反対していた。

20年6月、ディース氏は自らの体面や職を犠牲にすることで難局の打開を図る。監査役会への謝罪という異例の声明を出し、ＶＷ乗用車ブランドＣＥＯの解職を受け入れた。宿敵のオスターロー氏もＶＷの役職から退くという痛み分けだった。ディース氏の異例の声明の直前に、オスターロー氏は傘下のトラックメーカー、トレイトンの取締役に転じていた。

## 「最悪のバグがある状態だった」

ディース氏が社内から突き上げを食らっていたのは、EVの開発が難航していたからでもある。ID・3のソフトウエアに多くの問題が見つかり、予定されていた20年9月の納車開始が危ぶまれていた。特に米テスラが実施しているように通信経由でソフトウエアを更新する「オーバー・ジ・エアー（OTA）」と呼ばれる技術を確立できていなかった。「開発を急ぎ過ぎたツケだ」。日本の自動車メーカー関係者はこんな冷ややかな声を漏らした。

ディース氏にこの問題の解決を任されたEV担当取締役のトーマス・ウルブリッヒ氏は、「最悪のバグ（不具合）がある状態だった」と後に打ち明ける。問題の解決に向けてサプライヤーなどと対策に取り組んだウルブリッヒ氏は、「開発プロセスを変更して、スピードを速めたりしながら、一歩一歩問題を乗り越えた」と振り返る。

最終的にVWは、初期モデルではOTA機能の搭載を諦めるという判断を下して9月に間に合わせた。顧客はID・3のソフトウエアを更新するために、整備工場に持ち込んでアップデートしなければならなくなる。そんな不便があったものの納車を優先した。

VWは20年、自動車メーカーに課されたCO2排出量削減規制をクリアできず、1億ユーロ（約150億円）以上の罰金を払ったとみられる。もしID・3の出荷が遅れていたら、罰金額がさらに膨らんでいた可能性がある。

ID・3の販売を始めても、その売れ行きには否定的な見方が絶えなかった。EVを求めるのは、流行や先端技術に敏感なアーリーアダプターが多い。VWの顧客はどちらかというと保守的な層だ。「VWが新たなファンを獲得するのは無理。どうせ懇意の販売店にEVを買ってもらうのだろう」と口さがない見方をする業界関係者もいた。

ディース氏がプライドをかなぐり捨てて、大胆な言動を見せるようになったのはこの頃からだ。SNS（交流サイト）上で平易な言葉で情報を発信するなど、お堅いイメージを覆し、オープンで先進的なイメージを定着させようとしていく。

その視線の先にいたのは、テスラCEOのイーロン・マスク氏だった。

20年9月。VW本社のあるウォルフスブルクの空港に到着したプライベートジェットからマスク氏が降り立った。出迎えたディース氏は、そのまま滑走路上でマスク氏とID・3に同乗した。運転席に乗り込んだマスク氏と2人でEVについて語り合い、その様子をSNSで公開した。

ディース氏が意識していたのが投資家の目だ。テスラの時価総額が自動車業界で最も高いのは、マスク氏の言動がファンを熱狂させ、市場関係者などに将来への期待を持たせている側面もあるからだ。

21年以降、ディース氏はEV戦略を説明する機会を増やすなど、対外的な訴えかけをさらに重視するようになった。ＥＶ投資も加速させ、計画の中身はどんどん具体的になっていった。同年３月に開催した「パワーデー」のコンセプトは、テスラが20年に開催した「バッテリーデー」にそっくりだった。

こうしたアピールが奏功し、ＶＷの株価は上昇する。21年３月には時価総額が節目の１０００億ユーロ（約15兆円）を突破し、ディース氏はＳＮＳへの投稿で喜びを素直に表現した。

## ＶＷをモダンな会社に

自動車部品メーカーの独ボッシュ、競合の独ＢＭＷを経てＶＷに移ったディース氏。ＶＷ出身ではなく、しがらみが少ない点は社内改革をけん引するのに有効だった。「古くてひからびた構造を打破して、ＶＷをもっと俊敏でモダンな会社につくり替える」。ディース氏は独メディアへの寄稿でこう述べている。

そのために活用してきたのが外部の専門家を招くワークショップだ。15年にＶＷ乗用車ブランドＣＥＯに就任した際には、かねて信頼を置くオーストリアの経済学者、フレドムント・マリク氏を講師として招請。42人の幹部を集め、幹部たちに意識改革を促した。

こうした手法をグループ全体に広げ、縦割りだった組織を柔軟に連携できる組織に変えようとした。20年春にグループの幹部を巻き込んで開催したワークショップでは、こう問いかけた。「テスラに24年までに技術的に追い付くために、向こう6カ月で何を達成しなくてはならないのか」

その後、「従来のグループの枠では、テスラのスピードと実行力に到達することはできない」と語ったディース氏は、先進技術の開発をアウディに集中させることを決断。24年にテスラを超えるEVを開発することを目的とした「アルテミス・プロジェクト」を立ち上げた。社内では打倒テスラの意味を込め、「ミッションT」と呼んだ。

## ディース氏「解任」の舞台裏

ヘルベルト・ディース氏がVWのEVシフトを長きにわたり引っ張っていくかに見えたが、その終わりは突然だった。

2022年7月21日の昼ごろ、VWの監査役会のハンス・ディーター・ペッチュ氏が、ディース氏に面会を求め、事実上の「解任」を告げた。翌22日の午後4時半には監査役会メンバーが招集され、9月にCEOを交代することを決定した。

監査役会はVW傘下の高級車ブランド、独ポルシェのCEOを務めていたオリバー・ブルーメ氏をVWの次期CEOに任命。同時に、アルノ・アントリッツCFO（最高財務責任者）がCOO（最高執行責任者）を兼ねる人事も発表した。

ディース氏はこの決定に備えていたのだろうか。監査役会が開催されていたとみられる時間帯に、SNSのリンクトインにメッセージを書き込んだ。「VWは21年上期に多くの

ディース氏（手前右）は退任が決まる2週間前に、巨大電池工場の開所式でショルツ独首相（手前左）をアテンドしていた

ことを達成した」と述べ、多くの実績を羅列した。ＶＷがＣＥＯ交代を正式に発表したのは、ディース氏がリンクトインを更新した直後だった。

志半ばでの退任だった。

退任が決まるわずか2週間ほど前。ディース氏はドイツ北部のＶＷのザルツギッター工場にいた。本社があるウォルフスブルクから南西約50キロメートルの場所にあるこの工場に多くの関係者を集め、巨大電池工場の開所式を催した。

ドイツが官民一体でＥＶシフトを進めることを印象づけるためか、この式典にはショルツ独首相も参加した。ディース氏は首相に寄り添い、工場の建設予定地や電池の研究所などを案内していた。開所式で首相の直後にスピーチしたのももちろんディース氏だった。EVシフトを熱心に進め、直前までVWの顔として動き回っていた人物が、なぜ解任に追い込まれたのだろうか。

## 「我々は元国営の保守的な会社」

18年にCEOに就任したディース氏は、従業員から目の敵にされていた。一般にEVはエンジン車に比べて部品点数が少ないため、生産台数当たりの必要人数が減るとされる。実際にディース氏は、将来の投資に備えた雇用削減の可能性について何度も言及し、従業員の反発を招いてきた。

それでも、VWの大株主であるポルシェ家とピエヒ家はディース氏を支持してきた。退任発表の1年前には、監査役会がディース氏の任期を2年延長し、25年10月までにすると発表していた。そこから一転、監査役会はディース氏に見切りをつけ、有無を言わさず解任した。

理由の一つは、ソフトウエア開発の遅れだ。ディース氏はEVシフトと並行してソフトウエア開発の強化を進めてきた。20年1月にはグループのソフト開発部門を結集し、新会社「カリアド」を設立。それまで大手サプライヤーに委ねることが多かった自動車のOS（基本ソフト）の自社開発をもくろんだ。

だが、開発は思うように進んでいないもようだ。ポルシェのSUV「マカン」のEVモデルは、ソフト開発の遅れに起因して発売時期が大幅に遅れている。また、自動運転機能を搭載する次世代車の開発にも影響が出ているという。

「ドル箱」だった中国での苦戦も理由の一つだろう。10年以上にわたり中国事業がVWの成長を支えてきたが、中国での利益が減少傾向にあった。肝煎りのEVも、中国では販売が伸び悩んでいた。

とはいえ、根底にあるのはやはり従業員との深刻な対立だ。21年7月に任期の延長が決まった直後も、リストラ計画を巡り従業員と対立していた。度重なる衝突に、創業家もディース氏を守り切れなくなった。

型にはまらない言葉を語り、従業員だけでなく、幹部にもあえて過激な言葉を使ってきたディース氏。カジュアルな服装をまとい、SNSを積極的に活用するなど発言もオープンだった。VWの組織風土について破壊的な改革を志向していたのは間違いない。その中でも象徴的だったのが、テスラに対する発言だ。

通常、企業の経営幹部は公の場での他社の評価を避ける。オフレコの場で批評することはあっても、公の場ではほとんど言及しない。しかし、ディース氏は米テスラを礼賛するような発言を繰り返してきた。何度も「テスラは我々のベンチマークだ」と明言している。21年10月には200人の幹部が集まる会議に「サプライズゲスト」としてマスク氏を招待。ディース氏はSNSで、「彼らはソフトウエアを自社開発しているので、半導体不足に非常にうまく対応している」とテスラをたたえた。

従業員との対立が解任の決め手となったディース氏だが、その経営手法に賛同する社員ももちろんいた。マーケティング部門のある社員は、「我々は元国営の保守的な会社。ディースさんのように過激にはっきりと会社の方向性を示さないと組織風土は変わらないだろう」と話していた。

ディース氏は、事あるごとに「25年までにEVで世界のリーダーになる」と語るなど、VWのEVシフトについて強気の発言を貫いた。官僚的な組織の危機意識を高めるという意味で、3年間CEOを務めた〝外様〟の功績は大きかった。

# エンジン車工場の大変身

経営者の交代といった混乱こそあったものの、ＶＷはＥＶの開発や生産の改革を地道に続けてきた。実際に生産の現場ではどのような変化があったのだろうか。

２０１９年11月にＥＶ専用工場に生まれ変わったドイツ東部のツウィッカウ工場。当時のメルケル独首相が開所式に出席して華々しい一歩を踏み出したが、ＥＶ専用車台（プラットホーム）を使ったＶＷ初の量販ＥＶ「ＩＤ・３」は開発の遅れで20年9月の納車開始が危ぶまれるなど、その歩みは順調ではなかった。

開所式から2年半ほどが経過した22年春に再びツウィッカウ工場を訪れると、そこには目覚ましく変化した光景が広がっていた。

以前は静かだったＥＶ生産ラインに、大量のＥＶが流れていた。多くの従業員が忙し

ドイツ東部にあるVWのツウィッカウ工場はEV専用工場に変身した（写真:Mari Kusakari）

そうにしながら、ID・3や「ID・4」などのEVの生産に携わっていた。想定よりも多くの台数を生産しているのか、ランチタイムには従業員たちがラインのすぐ横の机で昼ご飯を食べていた。

実際、その頃のVWのEV販売は堅調だった。22年1～6月期のEV出荷台数は前年同期比27%増の21万7000台。ツウィッカウ工場は年間30万台以上のEVを生産する能力を持つ。ツウィッカウ以外の工場も稼働させ、生産能力の増強を図ってきたが需要に生産が追い付かない。欧州では納車が非常に遅れている状況だった。

生産増のネックだったのが、サプライチェーン（供給網）の混乱だ。22年2月のロシアによる侵攻で始まったウクライナ戦争で、ウクライナにあるワイヤハーネス（組み電線）工場の生産がストップした。その影響でツウィッカウ工場も3月から生産が止まっていた。

その後、ウクライナ工場の生産再開と代替工場からの調達にメドがつき、4月から徐々に生産を再開。筆者が工場を訪れたのはその頃だった。工場を案内してくれた従業員は、うれしそうに「これだよ」と高電圧用のワイヤハーネスの在庫を見せてくれた。さらに6月からは3交代制の通常の生産体制に戻し、フル稼働でEVを生産するようになった。

## VWとアウディを同じラインで生産

テスラや米フォード・モーターは、ゼロからEV専用工場を開設することで効率化を図っている。一方VWは、既存のエンジン車工場で使っていた設備や立地を生かす方針を選んだ。ツウィッカウ工場の特徴は大きく3つある。

1つ目は、多様な車種の混流生産だ。ツウィッカウ工場では以前、VWブランドのエンジン車2車種を生産していた。それが今はVWに加えアウディ、クプラなどの合計6種類のEVを生産している。これを可能にしたのが、EV専用プラットホーム「MEB」だ。それまでVWはエンジン車のプラットホームをEVに転用してきたが、EVを大量生産するためにMEBを新たに開発した。

VWグループの技術トップであるトーマス・シュマル取締役は、MEBについてこう説明した。「（MEBは）チョコレートの型のようなもの。私たちはグループ全体で明確な基準を設け、チョコレートの型を統一することにした」

実際に生産ラインを見ていると、同じ形をしたプラットホームが次々と生産されていく。MEBでは電池などの主要部品を共通化し、同じ生産機械で大量のプラットホームを造り続けることができるため、生産性を高めやすい。

MEBを構成する最も高価な部品である電池は別の工場で組み立てられ、鉄道などでツウィッカウ工場に運ばれる。納入されてすぐに使う「ジャストインタイム」の生産により、ツウィッカウ工場に電池の在庫がたまらないようにしている。また、ツウィッカウ工場の周囲には、サプライヤーなどがＥＶ向けの新たな工場を建設し、ＥＶ城下町を形成している。

２つ目の特徴が、ロボットの追加導入だ。エンジン車を生産していた3年前までは１３００台だったが、それを１６００台に増やした。ロボットの動きを制御するソフトもＥＶ向けに更新し、大量のロボットがＭＥＢの運搬や溶接などを担えるようにして自動化比率を高めた。また、大型コンポーネントの取り付けなどでもロボットが担う作業を増やして人の負荷を減らしている。

３つ目は、ＡＧＶ（無人搬送機）の追加導入だ。生産モデルが増えた分、最終的に取り付ける部品の種類が増え、組み立て作業が複雑になった。例えば、ＶＷのＩＤ・３とＩＤ・４、クプラの「ボーン」を生産する組み立てラインでは、追加で32台のＡＧＶを導入。人工知能（ＡＩ）を活用しながら、合計56台のＡＧＶが部品を効率よく運搬する。

ＡＧＶは車両を運ぶためにも使われている。多様な車種を組み立てるため、他の車両より組み立てに時間がかかったり、トラブルが生じたりするケースもある。従来のようにコンベヤーで車両を運搬するのではなくＡＧＶで車両を運び、組み立てに時間がかかる車両はラインの横にずらすなどして、全体の生産スピードを落とさない工夫をしている。

建物や一部の機械はエンジン車を生産していた時代から引き継いで利用している。だが、中途半端に既存の設備を利用するのではなく、ロボットやＡＧＶの大量導入などで生産ラインのあり方を大幅に変えたのがポイントだ。ＶＷのツウィッカウ工場への投資額は約12億ユーロ（約１８００億円）に上る。既存のエンジン車の工場を利用するとしても、ＥＶの生産効率を高めるためには大規模投資が必要なことを示している。

## ドイツ東部から世界に広げる

ツウィッカウ工場を管轄するＶＷザクセン会長のステファン・ロス氏が強調するのは、ＥＶシフトにより従業員が増えていることだ。エンジン車工場だった19年ごろの従業員は約８０００人だったが、ＥＶシフトにより21年末には約９０００人に増えている。生産台数の増加と共に、従業員は１万人に達する見通しだ。

ＥＶはエンジン車より部品点数が少ないため、１台当たりの必要人数は少なくなるとされる。生産台数が変わらなければ、ＥＶシフトが進むにつれて従業員が減る可能性が高い。ただし、そこに競争が加わる。他社との競争に勝ってＥＶの生産台数が増えれば、従業員を減らさずに済むかもしれない。大量の従業員を抱えるＶＷはＥＶシフトをいち早く進めて競争に勝つことで雇用への影響を抑えようとしているようだ。

ツウィッカウ工場のある地域は、ドイツの中でみれば所得水準があまり高くないエリアだ。ほとんどの従業員は自動車で通勤しているが、EVに乗っている従業員は少ない。この点について聞くと、広報担当はこう言って笑った。「2年半で工場は変わったでしょ。また2年半後に来てください。従業員のクルマもEVに変わっているはず」。そうなればEVシフトも本物だろう。

VWは世界中のエンジン車工場を徐々にEV工場に切り替えようとしている。ツウィッカウ工場はその「マザー工場」という位置付けだ。世界各地にあるVW工場の従業員がツウィッカウで学び、そのノウハウを自らの工場に移植していく。プラットホーム共通化や人材育成まで見据えた長期プランに基づき、VWは着々とEVシフトの歩みを進めている。

## 自社製電池で「レゴブロック」戦略

ＶＷにとって、ＥＶ生産の象徴がドイツ東部のツウィッカウ工場なら、ＥＶ用電池生産の象徴はドイツ北部のザルツギッター工場だ。

２０２２年7月7日、ＶＷはザルツギッターで電池工場の定礎式を開催した。これまではアジアの電池企業からＥＶ用電池セルを調達してきたが、この工場で25年から初めて自社開発の電池セルを大量生産する。年間の生産量は容量ベースで40ギガワット時を予定しており、これはＥＶで50万台分に相当する。

ＶＷは30年までに２００億ユーロ（約3兆円）以上を投じ、欧州に6つの巨大電池工場を建設する。それらの工場で年間２００億ユーロを売り上げ、最大2万人を雇用することを見込む。ザルツギッター工場は、それらのモデル工場となる存在だ。

意気込みはショルツ独首相を招いた定礎式にも表れていた。工場内に巨大なスペースを

ショルツ首相はザルツギッター工場で「ドイツと欧州の自動車産業にとって素晴らしい日になった」と述べた
（写真：Mari Kusakari）

設け、多くの取引関係者や従業員たちが集結。プロの司会者が進行し、イベント用のビデオも非常に手の込んだものだった。

真新しい電池ラボも見学し、最後に満場の拍手で会場に迎えられたショルツ首相。登壇すると、まず「VWは持続可能で気候と調和したモビリティーの未来像を示している。私たちは一緒になり、ここザルツギッターで未来形成に大きく貢献できるための基礎を築く」と宣言した。

さらに、電池産業の重要性について言及した。「これまで重要なパーツをアジアから調達してきた。新型コロナウイルスの感染拡大やロシアのウクライナ侵攻によりサプライチェーンのリスクが高まっている」「ドイツで電池を生産することは極めて重要だ」

欧州におけるＥＶシフトの〝急所〟は、ＥＶの基幹部品である電池だ。今は電池の供給を、中国の寧徳時代新能源科技（ＣＡＴＬ）や韓国のＬＧエネルギーソリューションなどのアジア勢に頼っている。そこに危機意識を持った欧州委員会は17年に「バッテリーアライアンス」を結成し、欧州の電池産業の支援に乗り出した。

## 規格化した電池セルを使い回す

では、ＶＷはどのようにＥＶ用電池でアジア勢に追い付き、追い越そうとしているのか。ザルツギッター工場で見えてきたのは5つの特徴だ。

1つ目は標準化だ。製品だけでなく、工場に導入する装置や製造プロセス、ＩＴ・物流のシステムも標準化し、それを多面展開することでコストを下げる。工場を取り囲むように、研究開発やパイロットライン、テストセンター、部品供給などの施設を置く方針だ。

ＶＷは電池セルを規格化して、同じセルを大量に生産する。これについてＶＷの技術者は「アジアの電池メーカーは顧客ごとに多種多様なセルを生産しているが、我々は規格化された同じセルを量産することでコストを下げられる」と説明する。実際、イベントや研究開発施設では、あらゆるところで同じサイズの電池セルが展示されていた。

ＶＷはＥＶやエンジン車のプラットホームを規格化し、これを様々な車種に展開することでコスト削減を実現している。電池についても、「レゴブロック」のように規格化したセルの数を増減させて搭載容量を変化させ、多様なＥＶに対応する。規格化した電池セルを、ＶＷグループ全体の最大８割のＥＶで利用していく計画だ。

２つ目はリチウムイオン電池の中で「リン酸鉄系（ＬＦＰ）」と呼ばれるタイプを選べるようにしたこと。大衆車に強いＶＷとしては、大衆車の価格帯に適用できるコスト競争力の高い電池を調達できるかが大きなポイントになってくる。

車載用の電池として現在普及している「３元系（ＮＭＣ）」は、ニッケルやコバルトなどの高価なレアメタルを使うことがコスト削減のネックとなっている。電池のコストを吸収しやすい高級車では活用が進むが、手ごろな価格が求められる大衆車への搭載は難しい。ニッケルやコバルトを使わないＬＦＰは、エネルギー密度こそ３元系に劣るものの、原材料の調達コストが安いのが大きなメリットだ。実際、テスラや中国の自動車メーカーなどが、ＬＦＰの電池を搭載するＥＶを増やしている。特にウクライナ戦争以降にレアメタルの価格が上がったことで、ＬＦＰへの注目度が高まっている。

ザルツギッター工場で見えた特徴の３つ目は、ＣＯ２排出量の削減だ。電池セルの生産では大量のＣＯ２を排出するが、ザルツギッター工場の電力は全て再生可能エネルギーで賄うという。欧州連合（ＥＵ）は将来的に、生産時のＣＯ２排出量が多い電池の域外からの輸入に事実上の関税をかける方針を示している。そうなれば域内で生産している電池のコスト競争力が高まっていく。

## 電池リサイクルで先手

４つ目は、リサイクルだ。ＶＷは電池事業のために「パワーコー」という新会社を立ち上げた。電池に使われている素材の９割以上をリサイクルし、リサイクル原料から新しい電池セルを造る循環システムを構築しようとしている。

既にリサイクル施設を設け、実証試験を始めた。電池モジュールを回収して、解体したらそれぞれのセルを取り出し、シュレッダーにかけ粉々に砕く。乾燥させた後に素材ごとに分別し、リチウムやニッケルなどを回収する。

ここにもＥＵの後押しがある。ＥＵは27年から順次、一定量の電池材料のリサイクルを義務付ける。もちろん、電池材料の価格が高騰する中で原材料の確保に役立てる意味合いもあり、ＶＷは先手を打とうとしているのだ。

最後の５つ目は、アジア勢に勝つためにアジア勢の力を借りる点だ。ザルツギッター工場では電池エンジニアとして働くアジア系の人たちが目立った。電池業界の関係者は「VWは日本や韓国、中国から電池の技術者を引き抜いている」と指摘する。

さらにVWは中国の電池大手、国軒高科のサポートを受ける。中国の電池メーカーとして電池生産規模でCATL、比亜迪（BYD）に次ぐ3番手グループに位置し、特にLFPに強みを持つ企業だ。VWは20年、国軒高科に約26%を出資した。国軒高科の程騫グローバル本社エグゼクティブバイスプレジデントは「特に量産で経験を生かせる」と語る。

EVの中核部品である電池について、自社で原料調達から生産、リサイクルまで手掛け、垂直統合を進めるVW。ザルツギッター新工場を構成する要素をレゴブロックのように定義し、他の工場でも組み合わせながら展開する方針だ。その意味でも、ザルツギッターの成否はVWのEV戦略の命運を握っているといえるだろう。

# 米国で始まる「全く新しいゲーム」

主に欧州と中国でEVシフトを進めている印象が強いVWだが、米国でもEV投資を強化するなど、その鼻息は荒い。2022年の米国における乗用車販売のシェアでは4%程度だったが、30年までに25種類以上のEVを投入し、シェアを10%まで高めるという野心的な目標を掲げる。

「エンジン車では米国市場のシェア目標は達成できないだろう。そもそも高いシェア目標を掲げてすらいないかもしれない。（米国のEVシフトで）全く新しい市場が生まれ、新しいゲームが始まる。歴史的に見てもこれだけのチャンスはないだろう。絶好期なので投資を大幅に増やす」。23年3月中旬、インタビューに応じたVWグループのトーマス・シュマル技術担当取締役はこう強調した。

VWのトーマス・シュマル技術担当取締役。電池事業を統括し、カナダでの工場建設を決めた　（写真：Mari Kusakari）

身長190センチメートル近くあるガッチリとした体格のシュマル氏。VWグループの経営者の中でも迫力がある人物の1人だ。電池事業も統括しており、新規事業をぐいぐいと引っ張っている雰囲気が伝わってくる。

VWは22年に米南部のテネシー州でEV「ID・4」の生産をスタートさせた。翌23年3月には南部のサウスカロライナ州で、SUVブランドのEV「スカウト」を生産すると発表した。サウスカロライナの工場には20億ドルを投じ、生産能力を26年までに20万台にする計画だ。

VWにとって米国市場は鬼門だ。15年に米国でディーゼル車に排ガス性能を偽るための不正なソフトを搭載していたことが発覚。

世界で同様の問題があることが明らかになり、ブランドへの信頼が失墜した。巨額の賠償金も支払った。VW全体の問題ではあったが、VWにとってそれほど大きくなかった米国での事業が、グループ全体の経営を揺るがすきっかけとなった。

その苦い記憶がある米国を一気に攻めるのは、米国市場のEVシフトが急速に進んでいるからだ。米国の22年の新車販売に占めるEV販売の割合は6%程度だったが、30年には5割程度まで高まる可能性が出ている。

## 米国のEVシフトに素早く対応

22年8月、ドイツのショルツ首相はカナダのトロントにいた。ショルツ首相とカナダのトルドー首相の立ち会いの下、VWのディースCEO(当時)とカナダのフランソワフィリップ・シャンパーニュ革新・科学・産業相が、EV推進と電池サプライチェーン開拓の覚書についてサインを交わした。

ウクライナ戦争の影響で欧州のエネルギー調達が危機的な状況の中、ショルツ首相にはカナダとの関係を強化する狙いがあったようだ。エネルギー関連の共同プロジェクトなどの案件が複数ある中、VWのカナダ進出の足がかりを築くことを1つの目的として盛り込

北米のEV生産台数（2022年）

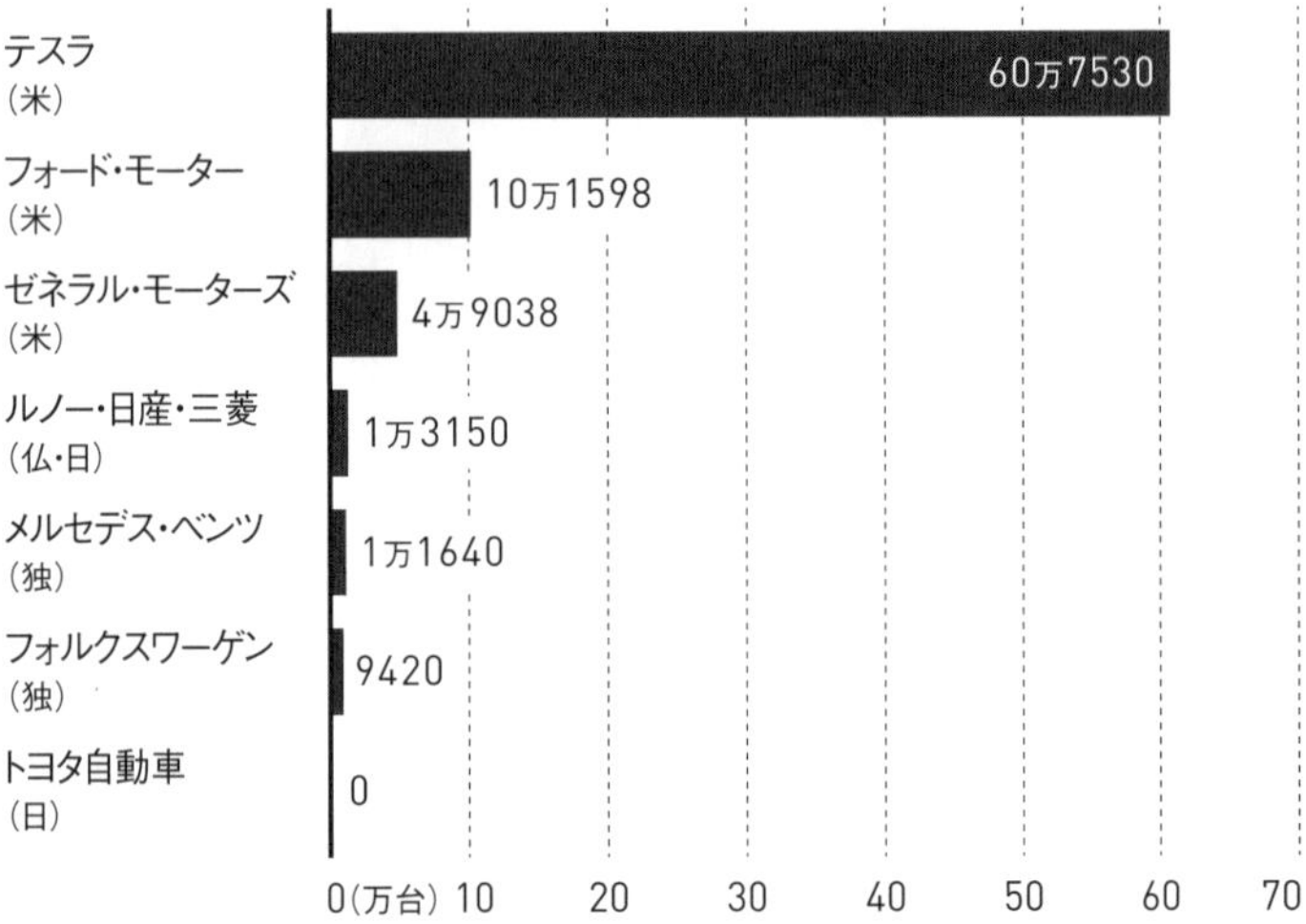


出所：LMCオートモーティブ

んだ。鉱物資源や再生可能エネルギーが豊富なカナダは電池生産の適地と見られている。

22年12月、今度はカナダのシャンパーニュ革新・科学・産業相が独ウォルフスブルクを訪れた。カナダにおける電池工場用地の選定で合意したのだ。そして翌23年3月、VWは欧州以外で初めての電池工場として、カナダ東部オンタリオ州に工場を新設すると発表した。48億ユーロ（約7200億円）を投じ、年間で最大90ギガワット時の電池を生産する。24年中に着工し、27年に生産を始める計画だ。

VWはドイツとスウェーデン、スペインに自前の電池工場の建設を決めている。次は東欧と見られていたが、米国の急速なEVシフトを見て、北米への投資を優先して決めたようだ。ショルツ首相がカナダを訪問する1週間ほど前には、北米製ＥＶの購入者を対象に最大７５００ドルの税額控除を認める米インフレ抑制法（ＩＲＡ）が成立していた。ＩＲＡの適用条件には、ＥＶの最終組み立てに加え、搭載する電池の価値の50％以上が北米域内における製造・組み立てで生み出されたものであることも含まれる。これもＶＷの北米での投資決定を後押ししたと見られる。

米国市場の強烈なＥＶシフトにより、新たなメーカーが躍進し、下克上が繰り広げられるかもしれない。その中で、「ＥＶシフトで遅れた日本車メーカーは、米国市場で稼ぐのが難しくなるだろう」（伊藤忠総研・上席主任研究員の深尾三四郎氏）という声も上がる。

## EVシフトの先兵、アウディ・ポルシェの真価

2023年4月中旬、ドイツの高速道路「アウトバーン」で独アウディのEV「e-tron GT」を試乗した。自動車専門雑誌の記者の運転に同乗した際の体験は強烈だった。

アウトバーンの速度無制限区間に差し掛かると、会話をしながらニコニコしていたその記者が、やや真剣な顔つきになる。この記者は普段からサーキットなどで高速走行を繰り返している熟練者だった。同じ車線の前方にクルマがいなくなるのを確認すると、一気にスピードを上げる。e-tron GTはあっという間に時速250キロメートルに達した。

これまで体験したことがない加速だった。内臓がギュッと縮み上がるような緊張を感じたものの、スピードの割には恐怖感が少ない。路面や風の影響を受けて車体が揺れることが少なく、走行が安定しているからだろう。

車高が低いスポーツカーのようなデザインのe-tron GTは、フロアの下に重い電池

があるので重心が低い。さらに新開発の電動四輪駆動システムが前後のモーターを制御し、前後のトルク配分を連続的に変化させる。トルク配分を変えるときの応答時間が従来の機械式の四輪駆動システムに比べてわずか5分の1ほどと短いため、路面状況に応じた走りを実現できるという。自動車は速度が上がるほど路面の凹凸で車体が浮き上がる感覚が強くなるのが一般的だが、確かにe-tron GTは浮き上がる感覚が小さく、車体が路面に吸い付いて走っているような印象を受ける。

筆者が運転したときも時速170キロメートルほどまでスピードを上げたが、アクセルを踏むと思い通りにスピードが上がる反応が小気味よかった。同じVWグループの独ポルシェのEV「タイカン」は操作性を楽しませるような乗り味だったが、e-tron GTは長距離ドライブに適した設計になっていると感じた。

## 26年以降発売の新型車は全てEVに

アウディは26年以降に発売する新型車を全てEVにすると宣言している。25年に生産を開始する新型車が最後のエンジン車となり、エンジン搭載車の生産を中国以外の全世界で33年までに打ち切ることも明らかにしている。ポルシェは30年に新車販売の8割を

EVにする目標を掲げている。

独立した企業として生まれたアウディとポルシェはVWの傘下入り後も、VWの経営とはある程度距離を置いたまま、独自のラインアップの自動車を手掛けてきた。それが今、VWグループのEVシフトの中で重要な役割を担い、VWとの関係性を強めつつある。2社は、特に2つの観点から重要な役割を果たしている。

1つはEVのイメージ向上だ。アーリーカスタマーや富裕層にEVの利点を訴求し、その周囲の人たちにもEVに良い印象を持ってもらう役割がある。アウトバーンを高速で走るようなユーザーには、加速に優れる高級EVの走行性能は大きなアピールポイントになる。実際、テスラも「モデルS」や「モデルX」など価格の高いEVでブランドイメージを高めた上で、より車両価格の安いモデルを展開している。

もし走行性能が悪かったり、走行距離が短かったりすれば、EVにネガティブなイメージを持つ人が増えるだろう。アウディやポルシェのEVは、高い走行性能を持つのはもちろんのこと、大容量の電池を積んで1回の充電当たりの走行距離を長くした車種が多い。

2つ目は利益面での貢献だ。22年12月期の通期決算では、アウディを中心とするプレミアムブランド部門は76億ユーロ（約1兆1400億円）の営業利益、ポルシェを中心とするスポーツ&ラグジュアリー部門は64億ユーロ（約9600億円）の営業利益をそれぞれ上げている。両部門はVWグループの利益の柱であり、この2つの部門だけでトヨタ自動車の23年3月期の営業利益に迫る。

今のところ同じ車両タイプであれば、EVのコストはエンジン車のそれより高い。ただし、高級車が中心のアウディやポルシェは、設定価格を上げることなどでEVのコスト増を吸収しやすい。例えば日本における価格はアウディの「e-tron GTクワトロ」が1494万円、ポルシェの「タイカン」は1286万円だ。VWグループ全体のEVシフトを進めるための新規投資を迫られる局面で、先行するアウディとポルシェが利益面で大きく貢献してくれるのは、グループにとって大きな強みとなるだろう。

## オーナー専用ラウンジもある充電施設

VWグループのEVシフトの先兵としての役割は、充電インフラ整備の面でも重要だ。給油所が隅々まで整備されてきたガソリン車に比べると、EVの大きな課題の一つが充電設備の不足だ。その中でアウディは、エネルギー補充を新たな体験に変えようとしている。

その象徴といえる施設が、ドイツ南部インゴルシュタットにあるアウディ本社からクル

テスラ車のユーザーも利用できるアウディの充電施設「チャージングハブ」

マで北に1時間ほどのニュルンベルクにあった。アウディの充電施設「チャージングハブ」だ。1階には6台の急速充電器、2階にはトイレやコーヒースタンド、ラウンジがある。

21年12月にオープンしたこの充電施設は、アウディ車のユーザーだけでなく、他社のEVユーザーも利用可能だ。筆者が訪れた日は、ちょうどテスラ車のユーザーが充電に訪れていた。

とはいえ、アウディのユーザーであればオンラインで予約できるため、予約したアウディのユーザーは待たずに充電できる。また、施設の奥にあるラウンジはアウディユーザー限定だ。施設の担当者によれば「特に出勤前の朝と退社時の夕方の利用が多い」という。

従来のエンジン車では、燃料の供給はエネ

ルギー会社が担っていた。アウディが自動車メーカーとして充電サービスを実験的に提供し始めたのは、EVではインフラ整備が鍵になると見るからだ。既にスイスのチューリヒとドイツのベルリンにもチャージングハブを設置済みで、日本にも導入する予定だ。

CO2削減にこだわった仕組みにしているのもチャージングハブの特徴だ。EVに供給するのは再生可能エネルギーで発電した電力であり、その電力を施設に蓄えておく装置には使用済み車載電池を再利用している。充電にも手厚いサービスを付加してEVの利用体験を高めようとするのは、高級車ブランドならではの取り組みといえる。

## エンジン車工場にEV生産を追加

EVの生産体制構築においてもアウディは高級車ブランドならではの方法論を持つ。23年4月中旬に訪れたアウディの本社工場（ドイツ・インゴルシュタット）でその片りんを見た。「A4」や「A5」などアウディの主力エンジン車の生産を担う工場だ。

午前の時間帯には、サプライヤーからブレーキパッドやサスペンションなどの部品が生産ラインに送られ、ひっきりなしにトレーラーが往来していた。補助の機械を導入して人が10キログラム以上のモノを持ち上げる必要がないようにしているほか、工場のフロアを木製にして足腰への負担を和らげるなど、従業員に対する様々な配慮がなされていた。

エンジン車の工場からEV専用の工場へと生まれ変わったVWのツウィッカウ工場は、EVの製造プロセスを前提に設計され、AGVなどの導入が進んでいた。それに比べると、インゴルシュタット工場は従来型の工場に近いように見える。アウディはここで23年からEV「Q6 e-tron」の生産を始める予定で、既存のエンジン車の生産ラインでEVを造るための準備を進めている。

アウディは既にベルギーやドイツの工場でEVを生産している。様々なEVの生産を1カ所に集めるのではなく、各工場の既存設備を生かしながらEV生産を可能にしていき、29年に世界の全工場でEVを生産する予定だ。そして、生産台数に占めるEVの割合を徐々に増やしながら、エンジン車の生産を減少させていく戦略だ。

廉価版のEVは、車両コストを下げるためにも大量生産を前提にしなければならない。一方、高級車であれば生産台数も限られるため、生産拠点を分散させやすい。エンジン車からEVへの移行期には需要の見極めが難しい場面もあるはずだ。同じ工場でエンジン車とEVを生産する体制であれば生産が急減する可能性が低く、労務問題に対応しやすいのも大きな利点だろう。

アウディは22年12月、ＥＶ専業メーカーとなる33年には現状に比べて生産コストを半分にする目標を打ち出した。その発表では詳細には触れていないが、それにはＶＷグループ全体で取り組む次世代ＥＶ用プラットホーム「ＳＳＰ」の開発と生産が大きく関わってくることになりそうだ。

第3章

# これはトヨタの未来か VWが直面する5つの課題

2024〜25年にEVとエンジン車の利益率を同等にする

——独フォルクスワーゲン
アルノ・アントリッツCFO

2023年3月、ドイツ北部のウォルフスブルクにあるフォルクスワーゲン(VW)本社を訪れた。ハノーバー空港からクルマを1時間ほど走らせると、本社工場の象徴である4本の大きな煙突が徐々に見えてくる。

15年10月に訪れた時の様子を、今でもありありと思い出せる。ウォルフスブルクの街の雰囲気は陰鬱《いんうつ》そのものだった。その前月、ディーゼル車に排ガス性能を偽るための不正なソフトを搭載していたことが米国で発覚したからだ。VWブランドへの信頼は失墜し、巨額の賠償金の支払いも予想されていた。

そんな中でもVWにとって、車両を購入してくれた顧客の大切さは変わらない。本社敷地内の巨大な納車施設では、いつもと同じように顧客に自動車を引き渡す〝儀式〟が行われていた。街を覆う暗い雰囲気と、納車手続きで顧客や従業員からあふれる笑顔。そのコントラストが印象的で、ずっと頭に残っていた。

今回訪れた時も、納車施設で繰り広げられるシーンは笑顔にあふれていた。人々にとって自動車は高価な商品であり、購入は一大決心が必要だ。VWの納車施設では待機のためのレストランや待合スペースまで、納車を盛り上げるための配慮がなされている。

その納車スペースに小さな変化があった。4年前に訪問した時に比べて、充電設備が大

VW本社近くにある巨大納車施設には充電設備が整備されている

幅に増えていたのだ。もちろん、増加する電気自動車（ＥＶ）への対応だ。

ＶＷは積極的にＥＶシフトを進め、多くのＥＶを発売してきた。だが、当初の想定通りには販売が伸びていない。ＶＷグループの22年のＥＶ販売台数は約57万台。その一方で、30年に販売台数の5割をＥＶにする目標を打ち出している。過去のＶＷの自動車販売台数から考えればＥＶの販売が４００万～５００万台になる計算だ。今の伸び率では到達は難しい。

ＥＶシフトを進める中で、ＶＷが乗り越えるべき課題は徐々にクリアになってきた。大別すると、以下の5点に集約できる。

①ＥＶ以外の選択肢の模索
②ソフトウエアの開発

③安価なＥＶの開発と利益率の向上
④次世代の革新的なＥＶの開発
⑤モビリティー事業の収益拡大

これらはＶＷがいち早くＥＶシフトを進めたからこそ見えてきた課題だ。ＶＷを追うようにＥＶの開発と販売を強化する自動車メーカーも今後直面するだろう。オリバー・ブルーメＣＥＯ（最高経営責任者）率いるＶＷの新経営陣は、これらの課題にどのように取り組んでいるのか。

## 合成燃料への執念、EUの暫定合意を覆す

2023年3月に独ポルシェが開いた22年12月期通期の決算会見。22年9月からVWグループとポルシェのCEOを兼務するブルーメ氏は、襟の開きが広いワイドカラーの白いワイシャツに、タイトなスーツ姿で現れた。

ブルーメ氏は1968年にVW本社があるウォルフスブルクの近くで生まれ、そのキャリアの多くをVWグループで過ごしてきた。94年に独アウディに研修生として入社し、その後セアトやVWブランドに所属。主に生産部門の責任者を歴任した、「ミスター・フォルクスワーゲン」と言えるような経歴の人物だ。2015年からポルシェのCEOを務める。

VW前CEOのヘルベルト・ディース氏はSNS（交流サイト）を活用するなど積極的にメディアに登場するタイプだったが、ブルーメ氏はあまりメディアに出ていない。ブルー

22年9月からVWグループCEOを務めるオリバー・ブルーメ氏

メ氏にとって、この日のポルシェの決算発表が、VWのCEO就任後にメディアの前で多くを語る〝デビュー〟の場となった。

## 合成燃料に何度も言及

ブルーメ氏は決算会見の中で、何度も「eフューエル」という合成燃料について言及した。再生可能エネルギーを利用し、二酸化炭素（CO2）と水素でつくる合成燃料は、エンジン車で燃焼させてもCO2排出量が実質的にゼロと見なされる。積極的にEVへの移行を進めた前CEOのディース氏はこのテーマについてあまり触れてこなかったが、この会見でブルーメ氏は「長距離を走る車のためにeフューエルは必要だ」と語り、エンジン車で合成燃料を使う立場を明確にした。

とはいえ、ブルーメ氏は「ｅフューエルが認められてもＥＶ戦略は変わらない」と明言。「ＥＶとｅフューエルの間には争いはない」とそれぞれを両立できる考えを示した。「欧州では電動化できるかもしれないが、南米やアフリカ、インドなどではそう簡単にいかないだろう」と指摘し、そのためにも合成燃料を選択肢の一つにする考えを示した。

実際、ポルシェは合成燃料の開発と生産を進めている。22年12月にはチリで独シーメンス・エナジーと合成燃料の生産を始めたと発表した。工場には風力発電設備、水素を製造する電気分解装置、合成燃料を製造する装置を備え、一気通貫で合成燃料を生産できるようにした。

まずは合成燃料をポルシェのレース用に利用し、25年には生産規模を年間５５００万リットルにする予定。27年には年間５億５０００万リットルを生産する計画だ。燃料の生産には再生可能エネルギーの電力を使うため、自動車の走行についてはＣＯ２排出量が実質ゼロの「カーボンニュートラル」を実現できるという。

ポルシェにとって合成燃料の生産と利用は、欧州委員会の要請に対する反抗でもあった。欧州委員会は35年にはエンジン車の新車販売を禁止することを提案し、欧州議会とＥＵ理事会が暫定合意していた。一方で、合成燃料を使うエンジン車の扱いについては議論が続いていた。そこで筆者は、欧州委員会で環境政策を統括するティメルマンス上級副委員長に、合成燃料に関する質問を何度もぶつけてみた(第4章で詳述)。

23年2月下旬のティメルマンス氏の答えはこうだった。「排出ガスフリーにできなければ、EU(欧州連合)で生産することも、EUで市場に出すこともできない」。合成燃料は原理上、エンジンで燃焼した後にCO2が発生する。製造するときに回収したCO2をそのまま排出するような形だ。それでもティメルマンス氏は、温暖化ガスを排出する限り認められないという方針を示していた。合成燃料を使うというブルーメ氏の宣言は、こうした方針に真っ向から反旗を翻すものだった。

ドイツ政府の強烈な反対もあり、最終的にEUは合成燃料を利用するクルマに限り販売を認めることで合意した。ドイツ政府やブルーメ氏の執念が実ったのだ。欧州を代表する企業であるVWの競争力をそがないためのベストの決断をした側面もあるだろう。

VWは「EV専業になる」とは言っていない。完全にEVに移ろうとしているというのは誤解だ。経営資源の多くをEVに振っているが、全振りはしていないのだ。トヨタ自動車も合成燃料の活用を研究し、エンジン利用を続ける方針である。世界中で年間1000万台近い自動車を生産・販売する両雄は、やはり共通点が多い。

## ソフト開発はよりオープンに

2つ目の課題であるソフトウエア開発は、VWにとって苦難の連続である。ディース前CEOが辞任する1つの理由にもなったほどだ。

鳴り物入りで20年に発売したEV「ID・3」はソフト開発の遅れで納車の遅れが危ぶまれた。価値に占めるソフトウエアの比重がエンジン車よりも高まるEVでは、ソフトの開発力が重要だ。これは既存の自動車会社がEVシフトをしていく際の大きな課題になる。

VWはグループ横断でソフトウエア会社「カリアド」を設立したが、自前主義にこだわったことで開発が遅れたと指摘されている。ブルーメCEOは23年3月の記者会見で「オープンソースのプラットフォームを提供していく」と述べ、外部との協業拡大を示唆した。ソフトの開発遅延によっていくつかのEVモデルの発売が遅れているが、24年には発売すると表明した。

23年6月にはカリアドの社長に、英高級車メーカーで取締役を務めていたピーター・ボッシュ氏が就任。ソフトウエア開発のテコ入れを図る。ブルーメ氏はボッシュ氏について「実行力のある戦略家でチームプレーもでき、VWグループをよく知っている」と評する。

ＶＷがソフト開発にあらためて力を入れている様子は、23年3月に本社で開いたＥＶの試乗会でも確認できた。カリアドでソフト開発を担当している社員が多数出席し、報道陣に対して新しい開発方針やソフトウエアを熱心に説明していたのだ。

実際、アウディの新車向けに23年夏から新しい機能を導入する。韓国サムスン電子傘下の米ハーマンインターナショナルと組み、独自のアプリストアを開発。米アップルの「アップストア」のように、第三者のアプリに直接アクセスできるようになる。また、カリアドは車載基本ソフト（ＯＳ）の新バージョン開発に力を入れており、24年以降の新車に搭載していく方針だ。

### VWグループとトヨタ自動車の主な出来事

| 年月 | VWグループ | トヨタ自動車 |
|---|---|---|
| 2015年9月 | 米環境保護局がVWのディーゼル不正を発表 | |
| 9月 | ヴィンターコーン社長が辞任し、ミュラー氏が社長に就任 | |
| 2016年6月 | 25年までに新車販売のEV比率を25%に高める目標を発表 | |
| 6月 | ディーゼル不正について米当局と約147億ドルで和解 | |
| 11月 | 全世界で最大3万人の従業員の削減を発表 | |
| 2017年1月 | | ハイブリッド車の世界販売台数が累計で1000万台を突破 |
| 11月 | 22年までにEVなど次世代技術に340億ユーロを投資することを発表 | |
| 2018年4月 | ミュラー社長が辞任し、ディース氏が社長に就任 | |
| 2019年7月 | 米フォード・モーターへのEV専用車台の提供を発表 | |
| 11月 | 24年までにEVなど次世代技術に600億ユーロを投資することを発表 | |
| 2020年9月 | 初の量産EV「ID.3」の納車開始 | |
| 2021年3月 | 欧州に電池工場を6カ所建設する計画を発表 | |
| 6月 | アウディが26年以降に発売する新車を全てEVにすると発表 | |
| 12月 | | 電動化に8兆円を投じ、30年までに年350万台のEVを販売する計画を発表 |
| 2022年2月 | | ハイブリッド車など電動車の世界販売台数が累計で2000万台に達する |
| 3月 | ウクライナ戦争の影響で部品調達が遅れ、複数の工場で生産停止 | |
| 7月 | ディース社長が退任し、ブルーメ氏が社長に就く人事を発表 | |
| 8月 | | 日本と米国に最大7300億円を投じ、電池生産能力を増強すると発表 |
| 12月 | ポルシェがチリで合成燃料の生産を開始 | |
| 2023年1月 | | 豊田章男社長が退任し会長に就き、佐藤恒治氏が社長に就く人事を発表 |
| 3月 | カナダに巨大電池工場を建設することを発表 | |
| 4月 | | 26年までに年150万台のEVを販売する計画を発表 |
| 6月 | | 27〜28年に全固体電池の実用化に挑戦すると発表 |

## 「EVは金持ち用」批判も 大衆車の難題

自動車大手の中ではEVシフトで先行するVWは当初、強気のEV販売目標を掲げた。もともとは2025年に300万台としていた。ところが、実際の販売台数ペースは目標を大幅に下回る。VWのEVの中核である「ID」シリーズの評価は賛否が分かれている。22年のVWグループの中で販売台数が多いのは、「ID・4」と「ID・5」を合わせた19万3200台。サプライチェーン(供給網)の混乱などによる材料不足で供給の制約があったとはいえ、爆発的ヒットとは言い難い。「ID・3」については、VWのロングセラーの名車「ゴルフ」を想起させるようなアピールをしてきたが、販売の勢いの点でゴルフの背中はまだ遠い。

米テスラの「モデルY」と「モデル3」を合わせた22年の世界でのEV販売台数は124万7000台。これは、VWのEV販売上位2車種の合計に対して6倍以上の数

フォルクスワーゲンで最も売れているEV「ID.4」

字だ。はるかに先を行くテスラにどう追い付くか。VWがEV販売台数を伸ばす上でポイントになるのが、3つ目の課題に挙げた「廉価版EVの開発と利益率の向上」だ。

## 「国民車じゃない」

IDシリーズは、VWが新しい顧客層の獲得を狙って様々な挑戦をした車種群だ。デザインは従来のVW車とは一線を画す流線形が目立ち、「未来のクルマ」であることを演出している。無線通信によってソフトウエアを更新し、機能をアップデートする「オーバー・ジ・エアー(OTA)」を導入した。

その半面、課題も浮かび上がってきた。ある自動車評論家はIDシリーズのデザインについて、「未来感を出そうとしたのかもしれないが、ＶＷのロゴがなければ他のブランドと言われても分からない」と指摘する。ＥＶに新しいデザインコンセプトを持ち込もうとするあまり、従来の愛好者のＶＷ離れを生んだのではないかとの見方だ。

価格に対する指摘もある。最初の量産ＥＶとして20年に売り出したＩＤ・３のベース価格は４万ユーロ（約６００万円）ほど。派生モデルはさらに高い。ＩＤ・４やその他のモデルは４万ユーロ以上の値付けが多く、大衆向けのＥＶを用意できているとは言い難い。

ドイツ経済相のハーベック氏は19年にドイツメディアの取材に対し、「高価な車を購入できる顧客は限られている」「25年までに２万ユーロ以下のＥＶを提供できなければ、市場で失敗することになる」「ポルシェや多目的スポーツ車（ＳＵＶ）に集中することになったＶＷは、もはやフォルクスワーゲン（国民車）ではなく、プレミアムワーゲン（ＰＷ）に社名を変更しなければならなくなるだろう」などと批判した。

ＥＶのコストは、ＶＷだけでなくトヨタのような世界最大級の量販車メーカーにとって最大の課題となる。ＥＶはコストの４割ほどを占めるとされる電池のコストが下げ止まっており、エンジン車に比べてコストが高い状況が当面続く見通し。そのため、十分な航続距離や車内空間、走行性能を持つＥＶを大衆の手が届く手ごろな価格で提供し、利益を出せるようにする道筋はまだ見えていない。

ポルシェやアウディ、レクサスのような高級車ブランドは、ユーザーがプレミアム価格を支払ってくれる可能性があり、「高価だが高性能」というコンセプトでEVを展開しやすい。一方、量販車の市場は値上げが許容されにくい。22年通期決算で営業利益率が8・1%だったVWグループにおいて、VWブランドの利益率が3・6%にとどまったことが量販車の価格競争の厳しさを示している。自動車市場で多くの販売台数を誇ってきた量販車メーカーにとって、廉価版EVの開発が大きな難所になる。

## 「ゴルフぐらい広く、ポロぐらい手ごろ」

VWは23年3月、「プレミアムワーゲン」という批判を吹き飛ばすべく、新型EV「ID・2オール」を発表した。世界のメディア関係者をドイツ北部のハンブルクのイベント会場に集めたVWは、往年の名車を会場内で実際に走らせ、VWのDNAを受け継ぐというストーリーの中で新型EVを紹介した。

「我々はeモビリティーを民主化するために変革を迅速に実行している」。VW乗用車部門のトーマス・シェーファーCEOはこう語った。

フォルクスワーゲン23年3月に発表した廉価版EV「ID.2オール」

ＩＤ・２オールは、従来のＩＤシリーズからデザインの路線を大幅に変更した。第一印象として感じたのは、ＶＷのベストセラーのエンジン車であるゴルフや「ポロ」に似ていることだった。ＶＷも「ゴルフと同じぐらい広く、ポロと同じぐらい手ごろな価格」と表現する。ある自動車アナリストは、「ＥＶの試行錯誤の結果、原点回帰に落ち着いたのではないか」と指摘する。

原点への回帰は人材配置にも表れている。デザイン責任者にはアウディのデザイナーだったアンドレアス・ミント氏を呼び寄せた。ミント氏の父親は以前にＶＷのデザイナーを務めた経験があり、ミント氏もかつてＶＷ車のデザインを手掛けていた。ＶＷの神髄を知る人物に旗艦車種のデザインを任せたのだ。

愛嬌《あいきょう》のあるミント氏はメディア関係者から人気があり、発表会でもメディア関係者にデザインの特徴を熱弁していた。「私たちは、アイコンモデルのDNAを未来へと移植している。ID．2オールはビートル、ゴルフ、ポロへのオマージュでもある」

例えば、フロントドアの前側の窓柱「Aピラー」からリアドア後ろ側の窓柱「Cピラー」までのウインドーライン。従来のIDシリーズは斜めのラインを引いて未来感を演出していたが、ID．2では地面と平行の直線的なラインを描くようにして、堅固さをアピール。数十年にわたってVWの特徴的なスタイルを構成していた要素を復活させた。またCピラーはゴルフをほうふつさせるデザインにしており、進行方向に向けて弓を引くような形となっている。

また従来のIDシリーズでは、室内空間を広げるためにホイールから上の部分のボリュームを大きくしていた。ところがID．2オールでは「車両のスタンスが安定して見えるように、ホイールから上の部分のボリュームを減らした」(ミント氏)。エンジン車のゴルフのようにタイヤでどっしりと踏ん張っているような力強い印象を与える。

## 自社製電池でコスト抑える

そしてVWが最も強調したのは、ID・2オールの価格が2万5000ユーロ（約375万円）以下で、大衆向けのクルマであるという点だ。これをどのように実現するのか。発表会場に置かれた新型車の横で、世界から集まった記者たちがシェーファー氏を囲み、質問攻めにする。筆者も価格と利益のバランスに関する質問を投げかけた。

シェーファー氏の答えは「自社生産の電池でコストを下げる。リン酸鉄系（LFP）と3元系（NMC）の両方を使える体制にする」というものだった。希少な金属であるニッケルやコバルトを使わないLFPはエネルギー密度が劣るものの、原材料の調達コストが比較的安いという特徴がある。LFPの採用によってある程度はコストが下がると見られるが、販売価格が安ければ利益を出しにくい。その点を問うと、シェーファー氏は理由を明快にはしないながらも、「ID・2オールでも利益率を上げられる」と強気の姿勢を崩さなかった。

VWはザルツギッター工場での電池の量産開始を25年に予定している。そして、ID・2オールの発売予定も25年だ。初めての自社生産の立ち上げが順調に進むとは限らない。ID・2オールの量産に電池の量産が間に合うかどうかは綱渡りの状況にある。

ＶＷとして一定以上のＥＶを売らなければならない事情もある。ＥＵは各メーカーに対し、自動車のＣＯ２排出量を30年までに21年比で55％減らすことを求めている。これは、大衆向けのエンジン車を大量に販売してきた企業ほど大がかりなＥＶシフトが必要になることを意味する。

イタリアやスペインなど南欧では、現在は新車販売に占めるＥＶの比率が10％に満たない。新車発表会に来ていたドイツの自動車アナリストのマティアス・シュミット氏に話を聞いてみると、「英独仏や北欧などに比べて豊かではない南欧でＥＶが売れなければ、目標の達成は難しい」との指摘が返ってきた。

お手本になるのはトヨタのハイブリッド車（ＨＶ）「プリウス」のサクセスストーリーだろう。今でこそトヨタの収益源になっているＨＶだが、１９９７年の発売以降、しばらくは収益上の〝お荷物〟だった。同じサイズのエンジン車より価格が高く、「燃費がいい」といっても車両価格の高さをランニングコストの安さで回収するためには相当な走行距離が必要だった。「既存のエンジン車に対してどれだけのメリットがあるのか」。常にそう比較されてきた。

トヨタは努力を重ね、プリウスに使うＨＶシステムの原価を低減していく。宮崎洋一副社長は23年4月に開いた会見で、「HVシステムの原価は当初の6分の1まで低下、ガソリン車と遜色ない利益が出せるようになった」と振り返った。00年代後半の燃料価格の高騰で燃費の良さがクローズアップされたことも重なり、コスト競争力のある車種としての地位を不動のものとした。

当初は「環境派や富裕層のためのエコカー」だったプリウスを、企業努力と環境変化によって「みんなの手が届くエコカー」に昇華させたのだ。企業としての意思と戦略、そして実行力が導いた成功だった。

「2万ユーロ以下のEVも開発する」。シェーファー氏は会見でこう意気込んだ。テスラのようなEV専業メーカーと異なり、VWやトヨタのように既存のエンジン車が主力の自動車メーカーは、既存の車種が強力なライバルとなる。VWの「みんなのためのEV」に向けた取り組みは、まだ緒に就いたばかりだ。

VWグループのEV一覧（価格は円換算）

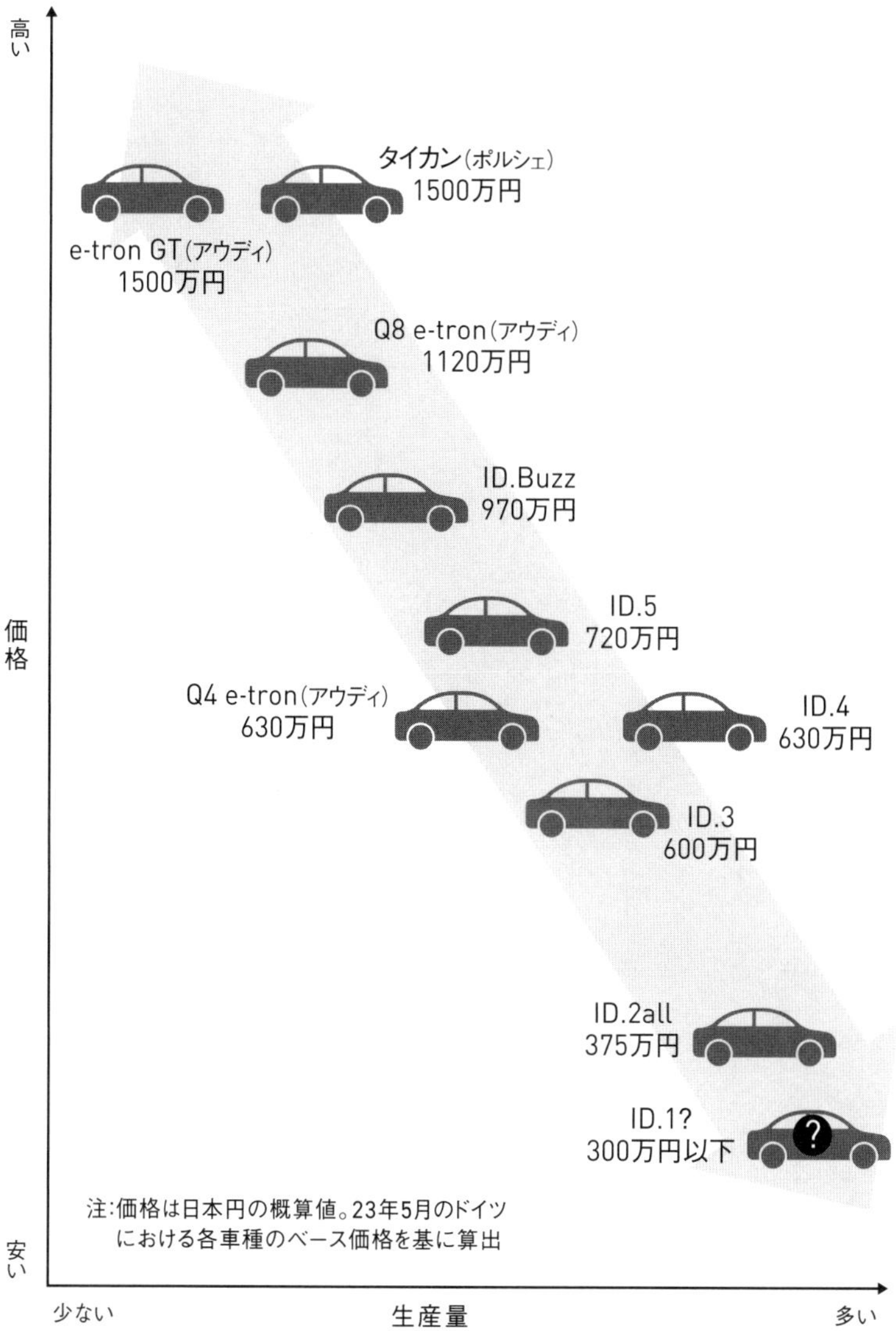

注：価格は日本円の概算値。23年5月のドイツにおける各車種のベース価格を基に算出

## ＥＶでもうかるのか　ＶＷの皮算用

価格が2万5000ユーロ（約375万円）以下のＥＶ「ＩＤ・2オール」を2025年に発売すると発表し、2万ユーロ以下のＥＶの開発にも挑むＶＷ。ユーザーにとって購入しやすい車種は増えるが、電池コストが下げ止まる中、利益を出しにくくなる可能性が高い。

「24～25年にＥＶとエンジン車の利益率を同等にする」。22年春、ＶＷのアルノ・アントリッツＣＦＯ（最高財務責任者）は筆者のインタビューでこう語った。

その後、ウクライナ戦争の影響で電池材料が高騰するなどの変化があり、ＶＷグループの経営体制も変わった。ＥＶのコストや収益の見通しは変わったのだろうか。23年3月の決算説明会が終わった後、アントリッツ氏に再び聞いてみた。すると、アントリッツ氏は「計画は変わっていない」と明言し、「エンジン車のコストも上がりそうだからね」と笑

VWグループのCOOとCFOを兼務するアルノ・アントリッツ氏

顔で付け加えた。

では、トヨタの見方はどうか。23年4月に開いた新体制の方針説明会で、トヨタは26年までにEVの世界販売台数を年間150万台に押し上げる目標を打ち出した。営業利益もEV販売台数の増加に合わせて増やしていくというシナリオを描く。

EVの生産では、工程数を2分の1に削減すると表明。商品担当の中嶋裕樹副社長は「コネクティッド技術による無人搬送や、自律走行検査などで、効率的なラインへシフトする。工場の景色をガラっと変える」と話した。

ただしトヨタは、EVとエンジン車の利益率の違いについて詳細を説明していない。生産効率の改善などでＥＶ全体のコストを下げたとしても、ＥＶの利益率が既存のエンジン車やＨＶのそれより低い状況が続けば、ＥＶ販売に置き換わるほど利益率が下がってしまうことになる。

ＥＶの販売台数を増やそうとすると収益悪化のリスクに直面するというジレンマは、自動車メーカー共通の課題だ。ある自動車コンサルタントが「ＥＶシフトにより、20年代後半には各社の利益率が下がる可能性がある」と予測するほどだ。ＥＶシフトで先行するＶＷは、どのようにＥＶコストを下げていく考えなのか。その具体的なシナリオを探ってみた。

## 未知の領域への進出

コスト削減の最大の焦点になるのが電池だ。ＶＷはアジアの電池企業からセルを調達してきたが、この方針を大きく転換し自社開発の電池セルを生産する。第2章で述べたように、30年までに２００億ユーロ（約3兆円）以上を投じて欧州に6つの巨大電池工場を建設する。大量に生産できる体制を整えて、量産効果でコストを下げる狙いだ。

ＶＷは22年7月、電池事業を担う子会社として「パワーコー」を設立した。その会長に就任して電池事業を取り仕切るのが、ＶＷグループの技術担当取締役であるトーマス・シュマル氏だ。シュマル氏に電池コストの見通しを聞くべく、電池の「マザー工場」であるザルツギッター工場を訪れた。ＶＷが定礎式を開催し、招待されたドイツのショルツ首相が「ドイツで電池を生産することは極めて重要だ」とスピーチした22年7月以来の訪問だ。

工場の敷地では広大な建屋の基礎をつくる工事が進み、トラックがひっきりなしに行き交っていた。「エッフェル塔を数基つくれるぐらいの鋼材を使っている」。説明する担当者もどこか誇らしげだ。

「原材料の価格次第ではあるが……」。シュマル氏はこう前置きしながら、「電池コストは1キロワット時当たり60～１５０ドルになる。ＬＦＰなら１００ドル以下にできるし、ＮＭＣでは１００ドル以上になるだろう」との見通しを示した。その上で「私たちはパフォーマンスの要求や需要に応じたあらゆる選択肢を持っている」と語り、ＶＷの戦略に自信を見せた。電池コストが１００ドル以下になれば、エンジン車より低いコストでＥＶを生産できる可能性も高まってくる。

パワーコーはスペイン・バレンシアにおける巨大電池工場の建設も決めた。生産量はザルツギッター工場と同じ40ギガワット時で、26年から量産を始めるという。シュマル氏は、

「スペインのバレンシアは日射量が多く、太陽光発電による低コストの電力を電池生産に活用できる」と話す。

ザルツギッター工場では、パイロットラインで電池の試験的な生産を繰り返しているという。ただ、ノルウェーの電池企業フレイル・バッテリーで最高技術責任者（CTO）を務める川口竜太氏は、「電池の量産では分かっていないことがたくさんある。材料の状態の微妙な変化が、電池性能に影響を与え、その際に改善点を見つけ出すのが大変な作業になる」と指摘する。安定した品質で生産できるようになるまでは想定以上に時間がかかる可能性もある。長年にわたり機械や電子の分野を強みとしてきた自動車メーカーが、最先端の化学品を量産するという未知の領域に踏み込もうとしているわけだ。

## エンジン車のコストが上昇

量産効果や新技術の導入で電池のコストが下がったとしても、100年以上の歴史でコスト削減を続けてきたエンジン車を下回るようなコストでEVを造るのは簡単ではない。VWのCFOであるアントリッツ氏が示した「EVとエンジン車の利益率を同等にする」というシナリオは、エンジン車のコストが上がることが前提となっている。

23年が明けたばかりの1月4日。米ラスベガスで開催されたテクノロジー見本市「CES」に、VW乗用車部門CEOのシェーファー氏が姿を見せた。ここでEVのセダン「ID・7」を発表したシェーファー氏は、会見後のインタビューでは欧州の新しい排ガス規制「ユーロ7」に関する発言に時間を割いた。

25年に導入されるユーロ7は、大気汚染につながる物質の排出量の規制を従来よりも厳しくするとともに、アンモニアなども規制対象に加えたもの。シェーファー氏は「ユーロ7への対応で、1台当たり2000ユーロ(約30万円)のコスト上昇になる」と厳しい表情で語った。そして、「欧州委員会が現在提案しているスケジュール通り25年に全車両の認証を取得することは、自動車業界や担当官庁にとって困難だ」と述べた。

シェーファー氏の発言は、ユーロ7の規制の厳しさへの抗議の意味合いもあるが、エンジン車の利幅が小さくなることを予告しているともいえる。EVのコストを必死に下げる間に、厳しい環境規制に対応するためエンジン車のコストが上がっていく。その結果として24~25年に両者の利益率が同等になるというのがVWのシナリオだ。

独メルセデス・ベンツのマーカス・シェーファーCTO(最高技術責任者)は「あと5~7年の間は、EVのパワートレーンのコストはエンジン車よりも高くなると考えている。近いうちにコストが同等になるとは思えず、時間がかかる」と語っていた（第6章参照）。これは21年のインタビューでの発言だが、それから2年がたった今も、ＥＶのコストを抜本的に下げるような新しい提案は出てきていない。自動車業界では、20年代後半まではＥＶのコストがエンジン車より高いままという見方が一般的だ。

ＶＷがＥＶとエンジン車のコストが同等になる時期を早めに想定しているのは、自ら手掛ける電池の量産が順調に進むという自信の表れなのか。それとも、廉価版のエンジン車だと新しい排ガス規制に対応させるコスト上昇の割合が高いからなのか。はたまた、別の秘策があるのか。

電池材料の価格変動や、新しい構造や製造方法の採用など、ＥＶのコストは不確定要素が多い。自動車メーカーは「ＥＶで稼ぐ」ために難解な方程式を解く必要がある。

## 勝負どころのソフト開発に悪戦苦闘

２０２３年３月、ＶＷの小型ＥＶ「ＩＤ・２オール」の発表会に、注目の人物がひっそりと現れた。「トラブルシューター」との異名を持つ、ＶＷ乗用車部門取締役のトーマス・ウルブリッヒ氏だ。

19年発売のＥＶ「ＩＤ・３」でソフトウエア開発のトラブルが続いて出荷が危ぶまれたときには〝火消し役〟としてプロジェクトリーダーに指名され、あの手この手で見事に問題を解決した実績を持つ。ウルブリッヒ氏はＶＷが22年10月に立ち上げた新部門「ニュー・モビリティー」の代表を務める。

そり上げた頭に厚い胸板、鋭い眼光。主に生産部門に関わり、ドイツや中国の工場でＶＷの生産を主導してきた。博士号を持つなどスマートな印象が強いＶＷ幹部の中では異色の存在だ。あるＶＷ社員はウルブリッヒ氏を「現場のたたき上げ」と評する。

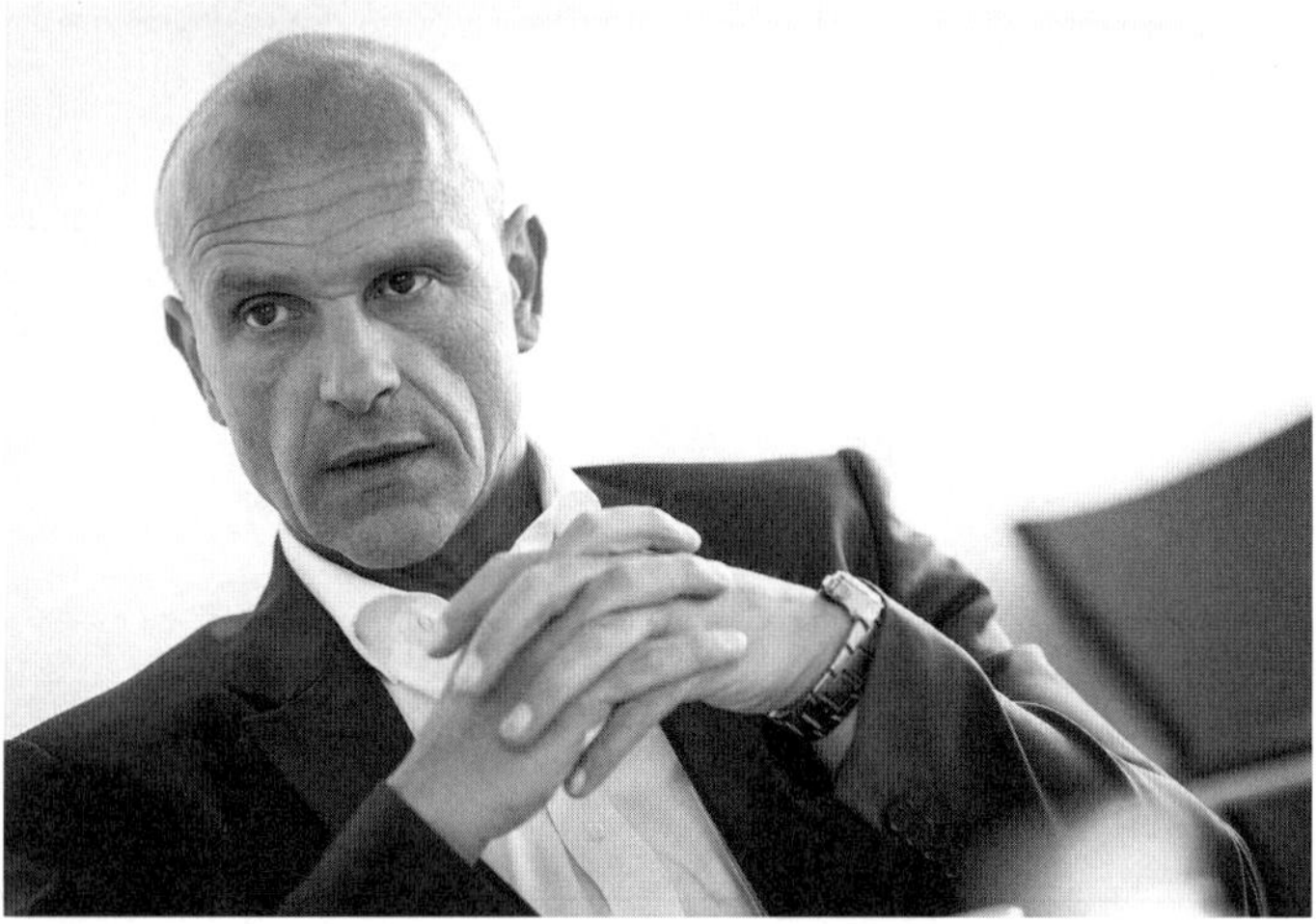

VW乗用車部門取締役のトーマス・ウルブリッヒ氏。「トラブルシューター」との異名を持つ

ウルブリッヒ氏が代表を務めるニュー・モビリティーは、今後のＶＷにとって極めて重要な部門だ。次世代ＥＶを開発・生産する「トリニティー」という名のプロジェクトを担当するからだ。

トリニティーは、広範な車種に展開できるＥＶ用車台（プラットホーム）「ＳＳＰ」とＥＶ用の新しい車載ソフトウエアを組み合わせて革新的なＥＶを開発するプロジェクト。26年からウォルフスブルクの本社工場近くに20億ユーロ（約３０００億円）を投じ、次世代ＥＶの工場を建設する計画を打ち出した。

各国政府の規制動向や各種機関の予測によると、25～30年に世界各国でＥＶが急増する見通しだ。そのタイミングでＶＷは乾坤一擲《けんこんいってき》のＥＶをぶつけようとしていた。

だが、そのトリニティー・プロジェクトが難航している。VWはSSPと同時に新たな電子プラットフォームを開発しているが、その開発遅延が響いているようだ。SSPや新電子プラットフォームを用いたEVの生産開始は28年ごろになると見られている。これが同社の4つ目の課題となる「次世代の革新的なEVの開発」だ。

ID・2オールの発表会でウルブリッヒ氏にトリニティー・プロジェクトの遅れについて聞くと、遅れを認めた上で「これから忙しくなるね」と話した。VWは再び、たたき上げのウルブリッヒ氏に重要な役割を委ねた。

## 「ソフトで定義するクルマ」に向けて

VWのEV開発の歴史を振り返ると、ディーゼル不正の問題があった15年ごろが起点になっている。環境対応の戦略に危機意識を強めたVWの経営陣は、EV専用プラットホームの開発をスタートさせた。大衆車向けが「MEB」、アウディやポルシェなどの高級車向けが「PPE」だ。VWはMEBを用いてID・3やID・4の量産にこぎ着けたが、EVの販売実績ではテスラや中国・比亜迪（BYD）に対して劣勢に立たされている。

VWは課題を認識しているからこそ、トリニティー・プロジェクトに乗り出した。開発するのは「ソフトウエアが定義する自動車」(ＳＤＶ)を実現するためのＥＶ向けプラットホームだ。対象はハードウエアだけではない。

ホンダの三部敏宏社長は23年4月の記者会見で、「中国メーカーのＳＤＶはさらに進化していると聞いていたが、現地で見てみると想像以上に先を行っていた。違う価値を出さないと負けてしまう」と危機感を示した。ＶＷやホンダのような既存の自動車大手にとって、ＳＤＶの何が壁になるのだろうか。

これまで述べてきたように、ＶＷはソフトウエアの開発に苦戦してきた。ＶＷグループでソフト開発を担うカリアドは、開発スケジュールの見直しを進めている。独メディアによると、当初は自動運転機能も兼ね備えたソフトウエア「Ｅ3　2・0」を26年の新型ＥＶに搭載する予定だったが、これを延期。当面は従来のバージョンである「Ｅ3　1・1」を改良した「Ｅ3　1・2」の開発に注力することにした。それを24年発売予定のポルシェの「マカンＥＶ」などに搭載していく。

確かに、あらゆるブランドとサイズに応用できるプラットホームの開発は一筋縄ではいかないだろう。ハードとソフトの融合に苦しんでいる側面もありそうだ。そのためか、ウルブリッヒ氏はカリアドの監査役を兼務することになった。ＩＤ・3のトラブルを解決した手腕に期待が集まっている。

## 移動サービスにも布石　不慣れな領域に挑む

トリニティー・プロジェクトは、「モビリティー事業の収益拡大」というVWの5つ目の課題ともつながっている。VWは、EVとデジタル技術を組み合わせて次世代移動サービス「MaaS」を提供する会社「MOIA(モイア)」を17年に設立。18年からドイツ北部のハノーバー、19年から同ハンブルクでサービスを始めた。将来はこうしたサービスでトリニティーのEVを使うことを想定している。

23年3月中旬、ハンブルクにあるモイアの運営拠点を訪れた。拠点にはEV「ID・Buzz」が多数並んでいる。

モイアが提供するサービスは、主に限られたエリアでの短距離移動を想定したものだ。市内にいくつかのルートが設定されていて、ユーザーがスマートフォンで車両を呼ぶと、

ドイツ北部ハンブルクのモイアの拠点には、EV「ID.Buzz」が並んでいた

車両が到着する。スマホをかざすとドアが開く仕組みだ。ライドシェアサービスのようだが、ルートが決まっている点が異なる。モイアの拠点にあるオペレーションルームに入ると、ハンブルク市内を走り回るID・Buzzの位置が時々刻々と変わる様子が表示されていた。

23年4月末の発表によると、ハンブルクでは300台のEVを保有しており、サービスを開始してから689万人の乗客を運んだ実績がある。VWは自信を深めつつあり、欧州と米国でサービスを拡大していく予定だ。

ハンブルクでID・Buzzの運転を担うのは850人以上の運転手だ。多くの雇用を生む一方で、システム運営のコストが高くなるため、利益拡大には苦戦しているようだ。

ＶＷのような自動車メーカーにとって、ＭａａＳ事業は不慣れな分野である。それでも果敢に挑戦を続けるのは、自動運転機能の導入やその先の収益拡大を見据えているからに他ならない。

ハンブルクでは23年中に自動運転の実証試験を始める予定だ。筆者が訪問した際にも、多数のセンサーを装備したＥＶが置かれていた。自動運転の実用化を目指すのは25年。実現すれば運用コストが下がり、さらに幅広い展開が可能になる。このＭａａＳ事業にトリニティー・プロジェクトで開発したＥＶを投入し、ソフトで機能を定義できるようになれば、ＶＷは新たな収益拡大のチャンスを得られるだろう。

車両の販売だけではなくサービスでも稼ぐという意味ではテスラが考える方向性とも似ている。23年にＥＶの値下げを断行したイーロン・マスクＣＥＯは販売増を図る理由の一つとして、自動運転技術を普及させ、そこから利益を得ていくことを挙げている。

## ７５０兆円市場の争奪戦に

ＶＷは、世界の自動車関連の市場が21年比で２・５倍の５兆ユーロ（約７５０兆円）になるとの見通しを示している。どういうことか。

フォルクスワーゲンが予想する自動車関連の売り上げ規模

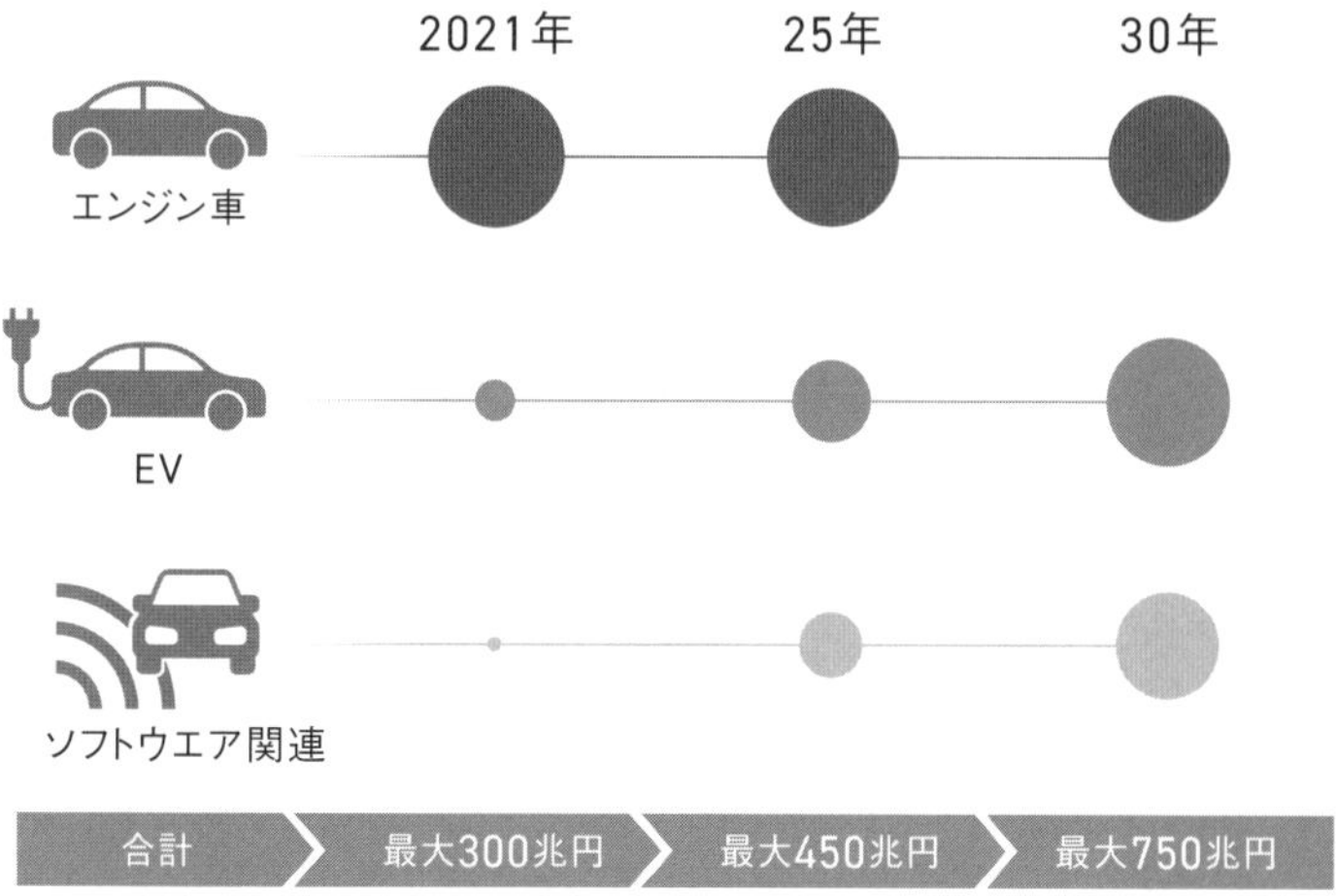


注:ドイツ国内外の分析に基づく概念図

ＶＷは市場を「エンジン車」「ＥＶ」「ソフトウエア」と３つに分類し、エンジン車市場が主体の21年は２兆ユーロ（約３００兆円）規模だとした。それが、25年にはＥＶとソフトの市場が拡大することで３兆ユーロ（約４５０兆円）に達し、30年にはさらにＥＶとソフトの市場が拡大して合計５兆ユーロになると見込んでいる。

トリニティー・プロジェクトが成功すれば、ＶＷが持つ〝規模〟は大きな武器になる。ソフト開発の効率化や電池材料の調達などの面でスケールメリットを生かしやすくなる。ＶＷが不慣れな新事業にあえて挑戦するのは、30年に５兆ユーロ規模になり得る市場で中心的なプレーヤーになるためだ。

ＶＷ社長や監査役会会長を務め19年に亡

くなったフェルディナント・ピエヒ氏は、ポルシェやイタリア・ランボルギーニなどのブランドを結集させ、巨大なブランドグループを築いた。相互に部材などを共有し、コストメリットを生かしながらも、ブランドごとの違いを際立たせる戦略でグループを成長させてきた。

ディーゼル不正で戦略が根本的に変わったように見えるＶＷだが、ピエヒ氏が持ち込んだブランドの相乗効果を狙う経営戦略は生き続けている。それをＥＶで結実させせようとしているのがトリニティー・プロジェクトなのだ。

ほぼ全てのブランドのＥＶを車体プラットホームと電子プラットフォームの組み合わせで実現しながら、巧みなマーケティングによって各ブランドの持ち味を出していく。この総合力を発揮できれば、ＶＷはテスラやＢＹＤなどの世界のライバルをしのぐ存在になるかもしれない。しかし、複数のブランドがＥＶを個別に販売するだけにとどまってグループの総合力を生かせなければ、ＥＶ専業メーカーに勝つのは難しいだろう。

20年代前半のＶＷグループはエンジン車での資産を残しながら、ポルシェとアウディで収益を支える構図になっていくはずだ。本格的なＥＶ時代に突入する20年代後半に、世界の自動車産業は勝負の分かれ目を迎える。

第 4 章

# 「欧州の陰謀」論から世界の潮流へ

欧州の自動車産業の競争力を高めるために、あらゆる手段を講じるつもりだ

——欧州委員会
ティメルマンス上級副委員長

これは欧州の陰謀なのか——。

今から遡ること2年前の2021年7月、欧州連合（EU）の欧州委員会は自動車業界を揺るがす規制案を発表した。35年にハイブリッド車（HV）などエンジン搭載車の販売を実質的に禁止するというものだった。

こうした欧州の電気自動車（EV）シフトへの反応は大きく二手に分かれる。一方は「エコカー競争で日本勢に敗れたが故の無謀な企てであり、技術が伴わず、いずれ頓挫する」という見方。もう一方が「世界的な二酸化炭素（$CO_2$）削減のロードマップに基づいたもので、米国や中国も追随しているため日本勢もキャッチアップすべきだ」との意見だ。

日本では、前者の懐疑的な見方が強いようだ。確かに、欧州勢が推進していたディーゼル車で不正が発覚したことを思い返せば、EVについても悪い計略をめぐらせていると考えるのは自然なことかもしれない。欧州の一連の規制は25年や30年をターゲットとしており、不確定要素が多いことも否めない。

ただ、EV市場は拡大し続けている。もはやEVシフトは大きなうねりとなり、引き返せない流れとなっているように見える。世界のEVシフトの発射台となったEUには、どのような思惑があるのだろうか。そして国を挙げてEVシフトを促す中国や米国の狙いは何なのか。日本車メーカーの経営を大きく揺さぶる政治の動きを見ていきたい。

## 苛烈な環境規制繰り出すＥＵ

「２０３５年に発売できる新車は排出ガスゼロ車のみとする」。欧州委員会が21年７月に発表した規制案は、35年以降にガソリン車やディーゼル車の新車販売を禁止するだけではなく、エンジンを搭載したＨＶやプラグインハイブリッド車（ＰＨＶ）の販売も実質的に禁じるというものだった。販売できるのはＥＶや燃料電池車（ＦＣＶ）のみとなる。ある自動車メーカー関係者はこの発表を受けて、「予想していたシナリオの中で最も厳しいものとなった」と心境を吐露した。

同時に、30年のＣＯ２排出規制案も見直した。従来は走行１キロメートル当たりのＣＯ２排出量を21年比で37・５％削減する案だったが、これを55％削減まで引き上げた。２０３０年にはメーカーに対して走行１キロメートル当たりのＣＯ２排出量を平均50グラム以下にすることを求めるため、この排出量が50グラムを超える可能性があるＨＶの販売は、30年の時点から不利になってくる。

これらの規制強化は「50年にEUの温暖化ガス排出量をゼロにする」という目標に沿ったものだ。欧州委員会のフォンデアライエン委員長は記者会見で「交通部門のCO2排出量は減るどころか、増えている。これを逆転させなければならない」と述べ、自動車産業に厳しい姿勢を見せた。

以前から、自動車のCO2規制強化は不可避と見られていた。EUはまず、「20年に走行1キロメートル当たりのCO2排出量をメーカー平均で95グラム以下」という規制を自動車メーカーに課した。当時、欧州委員会の環境・エネルギー担当に今後のCO2排出規制について質問したところ、「既に時代遅れの技術やビジネスモデルに固執し、気候変動への対処を遅らせるべきではない」と語り、さらなる規制強化をにおわせていた。

## 規制強化でエンジン車の価格上昇も

EUの苛烈な環境規制はこれだけではない。自動車メーカーが影響を受ける規制が次から次へとやってくる時代が幕を開けた。

その1つが新排ガス規制「ユーロ7」。欧州委員会から委託を受けた排ガスの専門家や研

2021年7月14日、自動車産業に対する規制を発表した欧州委員会のフォンデアアライエン委員長
（写真：AP/アフロ）

究機関からなるコンソーシアムが20年11月に提案した。窒素酸化物（NOx）、一酸化炭素（CO）、粒子状物質（PM）の規制基準を強化するほか、アンモニアやメタンなど、従来は規制対象ではなかった物質も対象に加えた。この規制に対応するためには、様々な機能を付加した「スーパー触媒」が必要となる。結果としてエンジン搭載車の価格が上昇するとの懸念がある。

実際の排出量を車上でモニタリングするシステムの導入も提案した。コンプライアンス違反や故障を早期に検出することを狙う。

欧州委員会は25年にユーロ7を施行するスケジュールを想定している。21年末までに最終提案を欧州議会に提出するはずだったが、当初よりも規制のレベルをやや緩和した案を

22年11月に提出した。欧州委員会はメーカーに対し、エンジンの排ガス対策よりＥＶの開発に投資を回してほしいという意向があるようだ。

電池に関する厳しい規制案もある。24年以降にＥＵ市場で販売されるＥＶ用電池については、製造段階で生じたＣＯ２排出量を測定し、開示する必要がある。続いて27年には、ＣＯ２排出量を欧州委員会が設定する上限以内に収めることが義務付けられる。ＣＯ２排出量が多いエネルギー源でつくった電力で生産し、ＥＵに輸出するような電池は、基準をクリアできず販売できない恐れがある。

さらにラベリングの規定も導入される。全ての電池について識別情報や特性情報を記載したラベルを貼付しなければならないというものだ。ラベルには電池の寿命や充電容量、分別回収の必要性、有害物質の有無、安全リスクなどの情報を記載する。電池の種類によってはラベルにＱＲコードなどを記載し、使用している電池に関する情報にユーザーが簡単にアクセスできるようにする。

これらの電池規制が導入されるとどうなるか。ＥＵ域内のＣＯ２排出量の少ない電源で電池を生産し、自動車に搭載するのが合理的な選択肢になる。自動車メーカーは環境規制対応の電池の調達で後手に回れば、電池の調達コストが高くなったり、ＥＵで自動車が販売できなくなったりする恐れがある。

## 全体では反発も個別では従う

欧州委員会が打ち出した35年の規制案に、欧州の自動車業界は反発した。欧州自動車工業会（ACEA）会長である独BMWのオリバー・ツィプセCEO（最高経営責任者）は、「35年の規制は、事実上のエンジン禁止になる。特定の技術に焦点を当てたり、禁止したりするのではなく、EUの機関はイノベーションに焦点を当ててほしい」と訴えた。

そうした主張をする一方で、欧州の自動車メーカーが実際に打ち出した目標はエンジン禁止を見越したものになっていた。例えば独フォルクスワーゲン（VW）は、30年に欧州で販売する新車のうち7割をEVにする目標を掲げる。21年7月にEV関連の記者会見を開いたVWのヘルベルト・ディースCEO（当時）は、エンジン車からEVに収益の柱を移していくことを強調した。仏ルノーは、30年までに欧州の新車販売の全てをEVにする計画を打ち出した。英ジャガーは25年、独アウディは26年、スウェーデンのボルボ・カーは30年までにEV専業になるとそれぞれ宣言した。

世界のEV販売比率

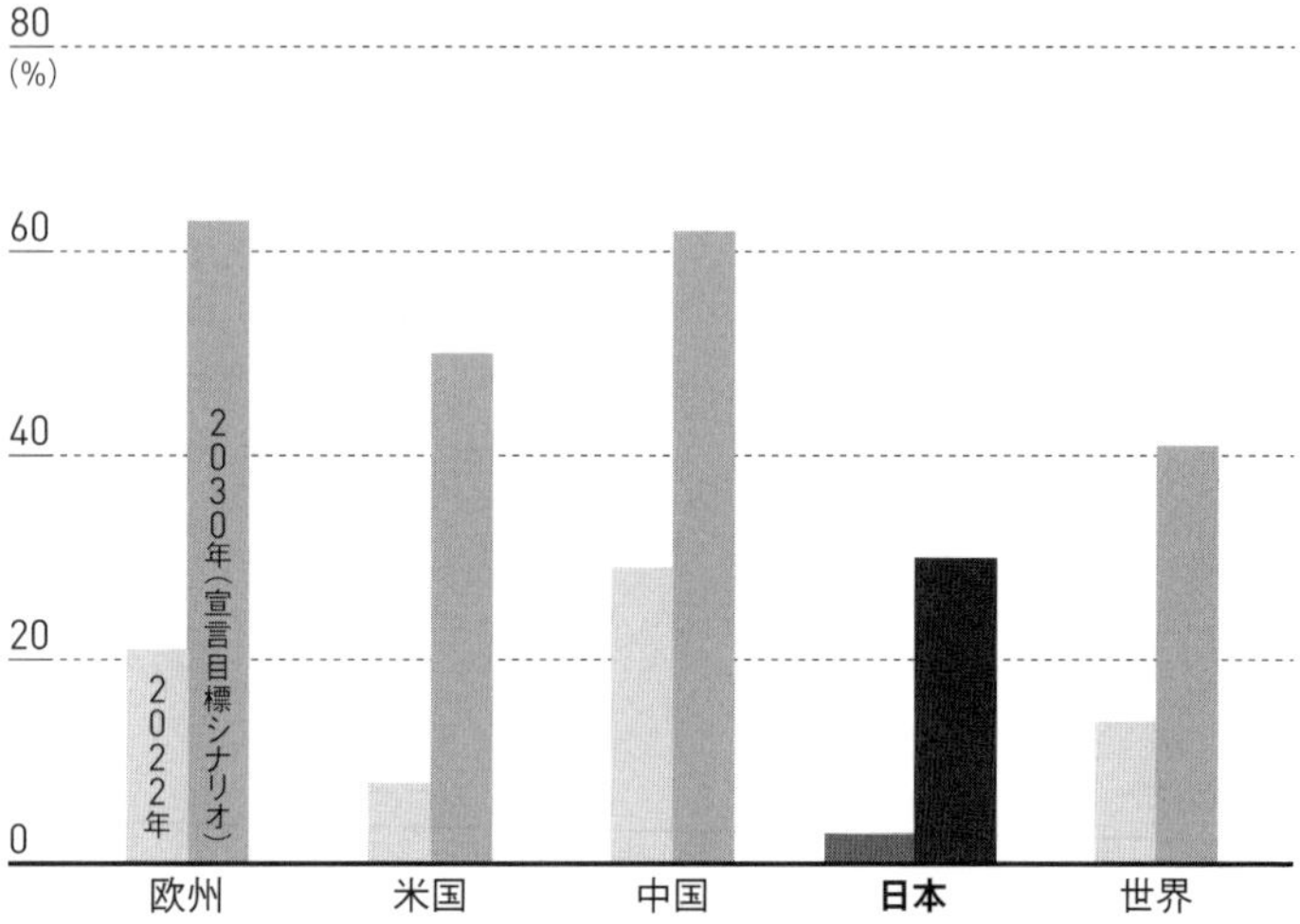


注:PHV(プラグインハイブリッド車)を含む　出所:国際エネルギー機関(IEA)

欧州勢が規制対応を優先する裏にあるのは、欧州市場で技術やビジネスモデルを磨き、競合他社に差をつけたいという思惑だ。米国や中国が欧州の規制に追随すれば、これらの市場でも先行者利益を得ることができる。

欧州委員会が自動車業界を揺るがす発表をしてから、EU域内ではEVの開発や販売に拍車がかかった。EUにおける22年のEV販売台数は前年比28%増の112万台に達した。

英国も厳しい規制を導入する。35年にエンジン車の販売禁止を目指し、EVやFCVなどのゼロエミッション車(ZEV)の販売比率引き上げを自動車メーカーに求める規制「ZEVマンデート」を示した。新車販売に占めるZEVの割合を24年に22%、28年に52

%、30年に80%とした。

トヨタ関係者は欧州委の規制案が発表された当時、「目標設定の練り直しが必要だ」と語っていた。その後、ZEV販売目標を引き上げたが、それでも35年に新車販売の全てをZEVにするのは高いハードルだ。トヨタは今のところ欧州でZEVを生産していない。欧州の規制が日本の自動車業界に重い課題を突きつけている。

## 土壇場でのエンジン車容認の「取引」

土壇場での修正だった。2023年3月下旬にEUが開いたエネルギー相理事会。35年以降のエンジン車の新車販売について、合成燃料を利用するクルマ限定で認めることで合意したのだ。「eフューエル」とも呼ばれるCO2と水素でつくる合成燃料は、再生可能エネルギーを使って製造すれば走行時のCO2排出量が実質ゼロと見なされる。

欧州委員会が示した規制案の合意に向けた最終段階でドイツ政府が強力に反対し、欧州委員会が押し切られた格好だ。環境担当として欧州の自動車規制も統括する欧州委員会のフランス・ティメルマンス上級副委員長は、正式合意の3日前にツイッターで「我々はeフューエルの将来的な利用について、ドイツと合意を見いだした」と述べていた。

ドイツの反乱は今に始まったことではない。社会民主党と緑の党、自由民主党（FDP）

の3党によるドイツの連立政権では、21年の発足当時から合成燃料の扱いについて意見が割れていた。環境政党である緑の党がエンジン車の新車販売を30年で全面禁止するよう求める一方、企業経営者などが支持基盤のFDPは合成燃料の推進を主張していた。

21年11月に発表された合意書では、合成燃料に関する連立政権のスタンスは次のように明記されていた。「欧州委員会の新車のゼロエミッション化提案に対応し、合成燃料を利用する車を除き、35年までに内燃エンジン車の新規登録を禁止する」

ACEAも「現在のエネルギー危機が示すように、欧州のレジリエンス(強じん性)を向上させるためには多様化が不可欠だ」とEV一辺倒になることについて警鐘を鳴らしてきた。それでも、欧州委員会の姿勢は変わらなかった。

22年6月には欧州議会とEU理事会が欧州委員会の提案を支持する方針を示す。10月には欧州議会とEU理事会が35年に全ての新車の排ガスゼロ化について暫定合意。その際に合成燃料を例外とすることは含まれておらず、欧州委員会のティメルマンス氏もその姿勢を堅持してきたため、規制案はそのまま承認されると見られていた。

筆者がティメルマンス氏にインタビューしたのは、エンジン車の新車販売全面禁止に向けて欧州委員会が動いていた23年2月のことだ。このインタビューでは、35年にエンジン車の新車販売を禁止する規制に関連し、合成燃料の扱いについて繰り返し聞いた。それに対してティメルマンス氏は「排出ガスフリーにできなければ、EUで生産することも、EUで市場に出すこともできない」と述べていた。

その後、最終的な合意に差しかかった段階で、ドイツ政府があらためて反旗を翻した。FDPのウィッシング運輸相が規制案に反対の意向を示し、合成燃料の利用を認めるように圧力をかけたのだ。ウィッシング運輸相はドイツメディアに対し、「気候変動に左右されないモビリティーを真剣に考えるのであれば、あらゆる技術的な選択肢をオープンにしておく必要がある。これにはeフューエルで走るエンジン車も含まれる」と述べた。

ドイツ政府は23年1月に官邸主導の会議を開催し、自動車メーカーから合成燃料に対する考えをヒアリングしていた。3月初旬に連立協議を開き、35年以降も合成燃料を使えるように働きかけることを確認している。連立政権を維持していく上で、FDPの意向を無視するわけにはいかなかったのだ。

## 合成燃料の認可はHVの追い風か

合成燃料の開発や利用に積極的な高級車メーカーにとっては、今回のEUの決定は朗報だろう。
VWのCEOでポルシェのCEOも務めるオリバー・ブルーメ氏は、EUが認める前から合成燃料の利用に強い意欲を示していた。フェラーリのベネデット・ビーニャCEOも、EUの決定の後に歓迎の意向を示した。フェラーリはEV開発に力を入れているものの、エンジン車の熱狂的なファンもいるからだ。22年にビーニャCEOにインタビューした際には、水素エンジンの開発を進めていることを明らかにしていた。

トヨタなどの日本勢への影響はどうか。日本勢はエンジンを用いるHVの開発と販売に力を入れている。EUにおいてもHVの販売台数は伸びており、電動パワートレーンの中で最も販売シェアが高い。

合成燃料の認可は一見するとHVの追い風になりそうだが、コスト構造を考えると利用拡大は簡単ではない。合成燃料は再生可能エネルギーを使って水素をつくり、CO2と化学的に合成する。生産過程で大量のエネルギーを使うため、コストが高くなりやすい。日本の経済産業省の試算によれば、安価な再エネを利用できる海外で製造すると製造コストは1リットル当たり約300円、国内だと同約700円になるという。

ドイツの自動車アナリストのマティアス・シュミット氏は、「合成燃料は非常に高価なので、エンジン車を利用する99％のユーザーには関係ないだろう」と指摘する。合成燃料は主に、電動化が難しい航空機での利用拡大が見込まれている。

ＨＶは車両価格とガソリン価格を含めたコストパフォーマンスの高さでユーザーに選ばれてきた。そのＨＶで高価な燃料を使うとなれば、競争力を失いかねない。トヨタの関係者も「合成燃料は高級車用がメインになるだろう」と話す。

## 合成燃料は「ニッチな市場向け」

むしろ、今回のＥＵの決定は、「合成燃料という小さな例外を認める一方で、35年にエンジン車の販売禁止を最終的に承認したことの意味が大きい」（ナカニシ自動車産業リサーチの中西孝樹代表アナリスト）。22年におけるＥＵの新車販売に占めるＥＶの比率はまだ12％。ＦＣＶを含めるとしても、この比率を１００％に高めるのは至難の業だ。

むしろ、今回のＥＵの決定により、自動車各社はますますＥＶ関連の開発や生産に投資を振り向けるはずだ。ドイツの大手サプライヤー幹部は、「合成燃料が認められても非常にニッチな市場向けだろう。ＥＶシフトの戦略は変わらない」と話した。

欧州の自動車メーカーは、表では規制強化に抵抗しながらも、裏では着実に対応を進めている。そして、欧州の政治家たちは自動車メーカーが競争力を失うことを全く望んでいない。欧州のメーカーが競争力を高め、雇用を増やすことを最も重視している。欧州の官民はＥＶシフトで一蓮托生《いちれんたくしょう》なのだ。

ＥＵは26年にエンジン車ゼロへの進捗《しんちょく》を確認し、合意内容を見直す可能性がある。自動車メーカーは26年が最終的な戦略調整のタイミングになりそうだ。

INTERVIEW

# エンジン派の天敵
# 欧州委員会ナンバー2に聞く

**欧州委員会 上級副委員長**

## フランス・ティメルマンス氏

1961年生まれ。87〜90年にオランダ外務省の政策担当官、90〜93年にロシア・モスクワのオランダ大使館の2等書記官を務める。2012〜14年にオランダ外相。14〜19年に欧州委員会の第1副委員長として法律などを担当。19年から現職。欧州グリーンディールなどEUの環境政策を統括する

（写真：代表撮影/ロイター/アフロ）

なぜ欧州委員会は土壇場でエンジン車の容認に動いたのか。その1カ月前のインタビューでのティメルマンス氏の発言を注意深く追うと、欧州委員会が何を重視していたのかが見えてくる。言葉の端々から伝わってくる最大の目的は、欧州の自動車産業の強化にある。

**――EUは35年に内燃エンジン車の販売禁止という規制を導入します。EU域内における22年の新車販売にEVが占める比率は12%ですが、自動車各社や消費者は35年までに対応できると思いますか。**

はい。この移行の可能性を徹底的に分析しました。多くの自動車メーカーが35年より前に排出ガスフリーになるでしょう。30年より前にその目標を設定しているメーカーもあり、その全てが排出ガスフリーを達成できると思います。

基本的には2つの技術に基づいています。1つはEVで、これが最も普及するでしょう。もう1つは、日本でも人気の高い、燃料電池を使った水素ベースの技術です。(欧州には)日本の自動車メーカーと密接に連携して、最高の技術を開発しているメーカーもありますね。また、日本ではEUよりももう少し長い間、HVを使い続けることになりそうですよね。

私たちにとっては、35年というターゲットが一般的に良い目標だと受け止められています。そして、（CO2と水素でつくる）eフューエルの利用などについての議論もありましたが、経済的な観点からあまり意味がないことが分かりました。

**――35年以降、eフューエルを使う車をどう扱いますか。**

（eフューエルは）恐らく内燃機関を使います。こうした自動車は、欧州で造られることはないでしょう。通常、自動車のライフサイクルは最長で15年程度です。ですから、私たちがEUで排出ガスゼロを達成したい50年までには、完全にクリーンな車両を保有することができるようになるのです。

eフューエルは、自動車やバンにとって非常に非効率的です。（製造過程で）EVよりも多くの電気が必要です。そして、航空業界で需要が大きくなります。ですから私たちは、ニーズが大きいと思われる航空産業で、eフューエルの可能性を追求したいと考えています。なぜなら航空機の電動化は、自動車やバンの電動化よりもはるかに複雑だからです。

**――もう一度聞きます。35年以降にeフューエルを使う車は販売できないのですね。**

排出ガスがなければ可能です。しかし、燃料を燃焼させながら排出ガスが出ない車は見たことがありません。その意味で、排出ガスフリーにできなければ、EUで生産することも、ＥＵで市場に出すこともできないのです。

## ＨＶの新車販売は禁止に

**――トヨタ自動車が力を入れているＨＶの新車販売が35年に禁止されることについては、最終的には各国の判断に委ねられるのでしょうか。**

いいえ、これはＥＵ全体の決定事項です。ＨＶは今すぐ市場から撤去されるわけではなく、まだそこにあります。ただ、35年時点では、新しいＨＶは市場に出回らなくなります。正直なところ私が望んでいることですが、内燃機関について取り組んでいるのは、最も環境負荷が高いものをまず市場から排除するためです。ですから、35年以降もしばらくはそれ以前に発売されたＨＶが市場に出回りますが、新車は販売できません。しかし、ＨＶの量は相当なものになるでしょう。

欧州の自動車メーカーは、水素をベースにした燃料電池車の開発に取り組んでいますね。水素を使った燃料電池については、トヨタと独ＢＭＷが非常に良い協力関係にあると思います。

**――排ガスの規制を強化する「ユーロ7」では、タイヤやブレーキパッドから飛散する粒子状物質も規制します。この規制は、今後強化される可能性があると思いますか。**

欧州委員会の内部で取り組んでいるところです。まだ提案はしていません。私たちがやりたいのは、パワートレーンに関係なく、全ての乗用車に適用される基準を打ち出すことです。

というのも、ご存じのようにEVは内燃エンジン車よりも重いからです。そのため、より強力なブレーキが必要で、より多くのタイヤを使用することになります。ブレーキパッドやタイヤから出る公害を減らすようにしなければなりません。

特にタイヤについては、私たちの健康にとって本当に危険なマイクロプラスチックに注意しなければなりません。その他の問題については、まだ決定していません。欧州委員会の内部で議論しているところです。

私たちは、自動車産業にあまり負担をかけたくありません。なぜなら、自動車産業の投資能力を、35年までにEU市場から姿を消す内燃エンジンに費やすよりも、電動車や水素ベースの燃料電池車に移行するためにできるだけ使ってもらいたいからです。

欧州連合(EU)の自動車関連の規制

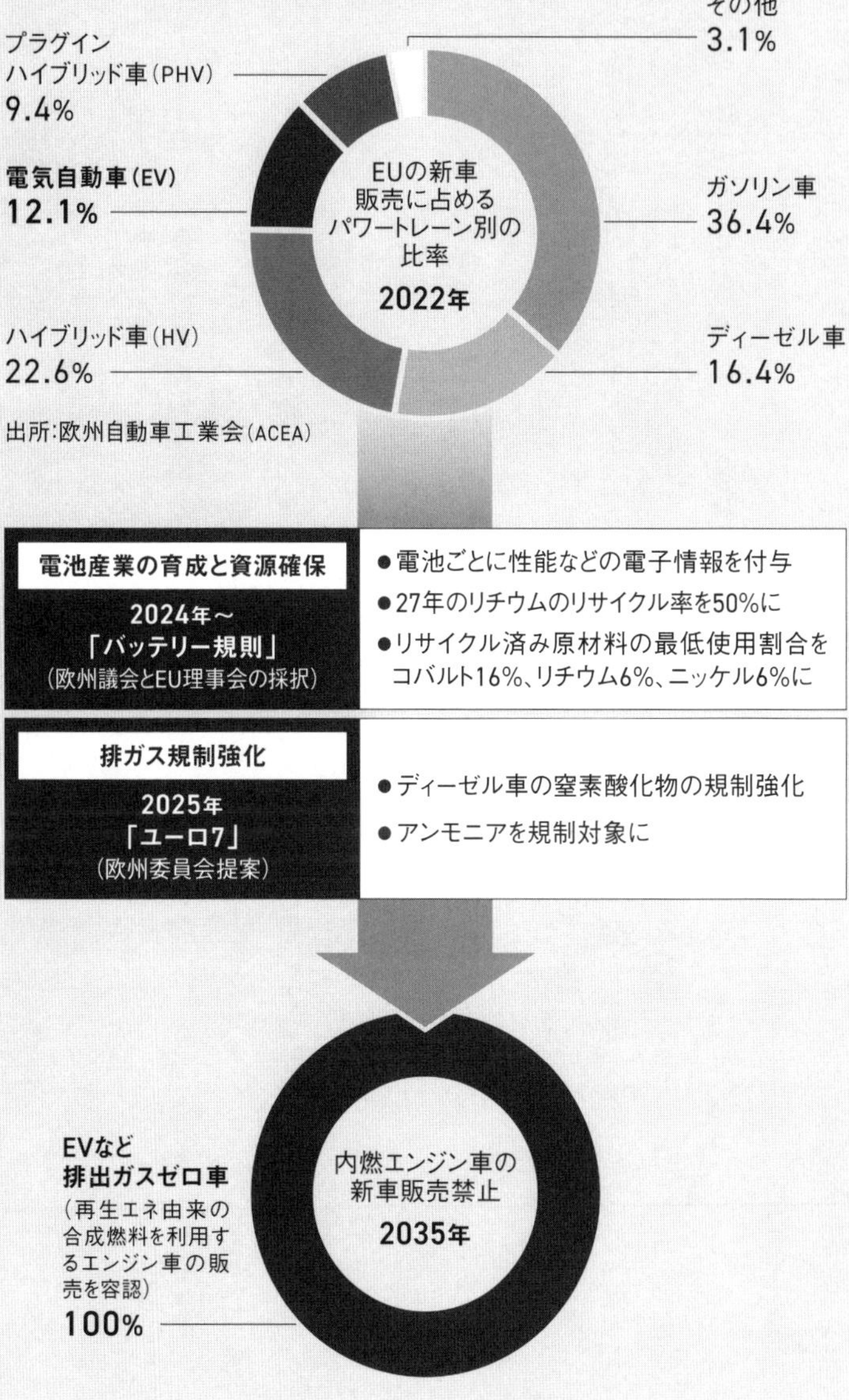
プラグイン
ハイブリッド車(PHV)
9.4%
その他
3.1%
電気自動車(EV)
12.1%
EUの新車
販売に占める
パワートレーン別の
比率
2022年
ガソリン車
36.4%
ハイブリッド車(HV)
22.6%
ディーゼル車
16.4%
出所:欧州自動車工業会(ACEA)
電池産業の育成と資源確保
2024年～
「バッテリー規則」
(欧州議会とEU理事会の採択)
●電池ごとに性能などの電子情報を付与
●27年のリチウムのリサイクル率を50%に
●リサイクル済み原材料の最低使用割合を
コバルト16%、リチウム6%、ニッケル6%に
排ガス規制強化
2025年
「ユーロ7」
(欧州委員会提案)
●ディーゼル車の窒素酸化物の規制強化
●アンモニアを規制対象に
EVなど
排出ガスゼロ車
(再生エネ由来の
合成燃料を利用す
るエンジン車の販
売を容認)
100%
内燃エンジン車の
新車販売禁止
2035年

## 中国勢が脅威に

**――自動車産業は多くの雇用を抱えているため、それぞれの国にとって非常に重要な産業です。既にEVシフトに伴い、人員を削減したメーカーもあります。EVシフトで、欧州の自動車産業は競争力を保ち、雇用を維持できると思いますか。**

競争力の強化につながると考えています。国際的に何が起こっているのかを見なければなりません。日本とも一緒にやっていけたらと思います。日本の自動車産業ともっと協力してやっていきたいですね。

中国で何が起こっているかを見てください。中国企業は既に多くの新型EVを発表しています。ほぼ毎日、新しい名前の車の広告を目にしますよね。見た目もいいし、専門家によると非常に良い車だそうです。これはもちろん、中国勢が電池産業で持つ優位性を利用し、既存の自動車産業を追い詰めようということでもあるわけです。米国はインフレ抑制法（IRA）の下で、EVや電池の開発にも大量に投資し始めるでしょう。

私たち欧州の人々にとって、自動車産業は必要不可欠な産業です。欧州の自動車産業の競争力を高めるために、あらゆる手段を講じるつもりです。私たちは将来を見据える必要があります。そして、乗用車の未来は、主にＥＶになるでしょう。私たちは、その未来を中国勢や韓国勢に委ねたくはありません。私たちもその一員でありたいと思います。

率直に言って、私たちはＥＶにシフトするのが少し遅かったと思います。私たちのエンジニアは、非常に燃費の良いディーゼル車や内燃エンジン車を造ることができると強く信じていたからです。我々は今、未来はゼロエミッションモビリティーと共にあることを理解しています。また、自動車産業の世界的な発展により、これらの自動車は内燃エンジン車よりもかなり早く安価になり始めるでしょう。

**――しかし、ＥＶは内燃エンジン車に比べるとまだまだ高価です。**

はい。既にランニングコストは安くなっていますが、それでも購入するには非常に高価です。それは、多くの国民にとって高い敷居です。しかし、販売台数が増加し、電池の技術力が向上していることを考えると、少しずつＥＶは安価になっていくでしょう。

また、内燃エンジン車の生産台数が減少すれば、相対的に高価になります。ですから、ある時点でクロスオーバーが起こり、ＥＶは内燃エンジン車に比べてランニングコストが安いだけでなく、購入コストも安くなるのです。多くの国民がその時を待っているのではないでしょうか。

## 30年以前にEVは安くなる

**——そうだといいのですが、35年になってもEVが内燃エンジン車より高価だとしたら、低所得者はどうやってEVを購入するのでしょうか。**

最初に申し上げたいのは、30年より前にもEVは内燃エンジン車より安くなると確信しているということです。購入するには、新しいEVが主流になるでしょう。中古市場も残っていますし、中古市場で活躍する人たちもいます。しかし、30年より前には新しいEVは、同じセグメントの新しい内燃エンジン車より安くなると確信しています。

第2に、充電インフラを整備します。30年までに全電源に占める再生可能エネルギーの割合を45％にするという計画が成功すれば、電気料金は下がります。つまり、これはEVのランニングコストの低減にもつながるわけです。既に（ランニングコストは）内燃エンジン車より安くなっていますが、恐らく将来はさらに安く走れるようになるでしょう。

これは私の強い信念です。私たちが行った分析に基づく私の仮説でもあります。EVという提案がもっと魅力的になっていくと思います。

一方で自動車業界は、顧客にモビリティーを提供する上で、大きなイノベーションを起こしています。必ずしも自動車を買う必要はなく、移動手段を買えばいいというイノベーションです。そうすれば、自動車を購入するための資金を調達する必要がなくなるので、敷居が低くなります。（費用負担の）敷居を下げる革新的なリースもどんどん出てきています。日本市場はどうか分かりませんが、欧州市場では今、このようなことが起こっているのです。

自動車メーカーは、より実用的になっていくと思います。顧客がその時々に必要とするモビリティーを提供するのです。例えば、小さなクルマが必要なときもあれば、旅行に行く場合など大きなクルマが必要な時もあるでしょう。こうしたサービスは、スマートフォンとも連携していくでしょう。自動車業界は、未来を考えています。

**――EVが増えた場合、電力需要が増えることが予想されます。対応できるでしょうか。**

それは、私たち全員の次の課題です。しかし、再エネは非常に安価です。再エネ設備の設置は、石炭火力発電所などを建設するよりも簡単です。もし私たちがソーラーパネルや風力タービンの産業を構築し、環境に優しい水素ベースの経済に移行すれば、経済活動のための他の選択肢がない砂漠のような場所で、太陽光や風力によって非常に安価に電気をつくることができます。そして、その電気を水素に貯蔵し、モビリティーに利用できます。

近い将来、世界は少なくとも今の3倍の電力を必要とするようになると思います。その電力をクリーンな方法でつくり上げることも、私たちの魅力的なチャレンジの一つです。それに成功すれば、クリーンな電力を低コストで確保できるようになります。

ご存じのように、日本と韓国では燃料電池の技術が急速に発展しています。ですから、水素も興味深い技術になっていくでしょう。また、電池の技術も急速に発展しています。今後はより軽く、より高性能で、循環型の全固体電池を造ることができるでしょう。これらのエキサイティングな開発は全て、私たちが正しい方向へ進むための助けとなります。

## 化石燃料が安い時代は終わった

**——最後にもう一度、聞きます。ティメルマンスさんは30年までにはＥＶのコストが大幅に下がるという確信を持っていますが、22年は電池材料の採掘や供給に制約があり、電池コストが上がりました。なぜ、そこまで自信があるのでしょうか。**

確かに原材料とエネルギーの価格が合わさり、電池の価格が上昇しています。しかし、イノベーションによって電気料金を下げることは可能だと思っています。それだけではなく、技術革新で全固体電池など新しい電池も生まれるでしょう。これらの電池はさらに安くなるでしょう。

米国はＩＲＡにより、電池生産に大規模な投資をすると思います。そうなると競争が激しくなり、中国製の電池ばかりが市場に出回る状態ではなくなるでしょう。世界の電池の市場は、中国製が過半を占めているといわれていますが、ここに米国が参入してくるでしょう。中国製の市場シェアはかなり小さくなる可能性があります。

ですから欧州は自国の電池産業を育成し、この市場に参入し、日本とも燃料電池の技術で協力することになるでしょう。こうして競争が激しくなり、クリーンモビリティーが安くなります。今のところ、電池技術に軍配が上がっているように見えますが、水素を使った燃料電池が巻き返す可能性もありますので、勝負はより面白くなると思います。

この点ははっきりさせておきたいのですが、クリーンなモビリティーは手ごろな価格になるということが私の結論です。化石燃料を使ったモビリティーよりずっとです。

化石燃料の探査がより高価になることは、火を見るより明らかです。化石燃料が永久に安い時代は過去のものです。終わったのです。もう戻ってこないのです。

# 中国、EV伸長で世界一の自動車輸出国に

欧州と共に、強烈にEVシフトを進めるのは中国だ。2013年ごろからEVなど新エネルギー車（NEV）の購入を補助する政策を本格化し、紆余《うよ》曲折を経ながらメニューを拡充してきた。22年の中国におけるNEVの販売台数は688万台に達する。

23年4月に開催された上海国際自動車ショーは、世界のEV市場を中国がけん引していることを見せつけた。「上海ショック」。海外からの来場者たちがEVを手掛ける中国勢の実力に驚いた様子はこう呼ばれている。

中国・比亜迪（BYD）が日本円で200万円を下回る廉価版EVや1000万円を超える高級EVを発表し、多くの来場者の耳目を集めた。その一方で、VWやメルセデス・ベンツ、BMWなどのドイツ勢、トヨタ自動車や日産自動車、ホンダなどの日本勢のブースには、中国勢ほどの熱気はなかったとモーターショー参加者は回想する。その傾向は、

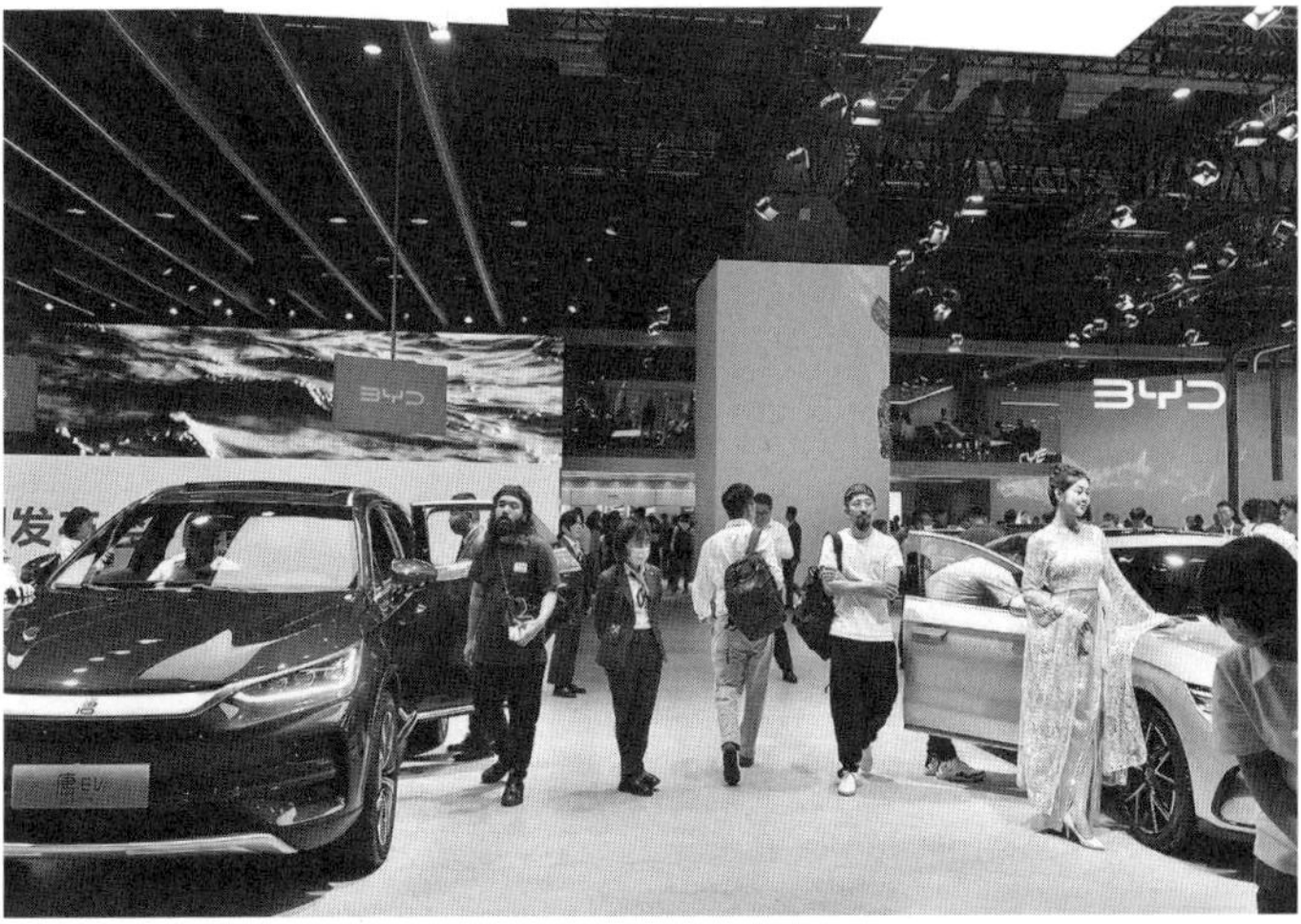

23年4月に開催された上海国際自動車ショー。BYDのブースには多くの来場者が押し寄せた

様々な販売データにも表れている。

中国では22年末にＮＥＶの購入補助が打ち切られ、ＥＶ販売台数が減少した。23年はＥＶ販売の勢いが止まると見られていたが、そんな気配はなくなりつつある。ＥＶ販売台数は1月こそ前年同月を下回ったものの、2月以降はいずれも前年同月を上回った。

調査会社マークラインズの速報値によると、中国の23年１〜6月の自動車販売台数は前年同期比9％増の１１２６万台だった。ＮＥＶの販売台数が前年同期比44％増の３７４万台となり、全体を押し上げた。ＢＹＤなどの地場メーカーのシェアは20年の39％から23年１〜6月は54％まで上昇した。

中国の新車販売でも強いのは、米テスラと

中国におけるブランド出身国別販売台数と増減率（2023年1〜6月）

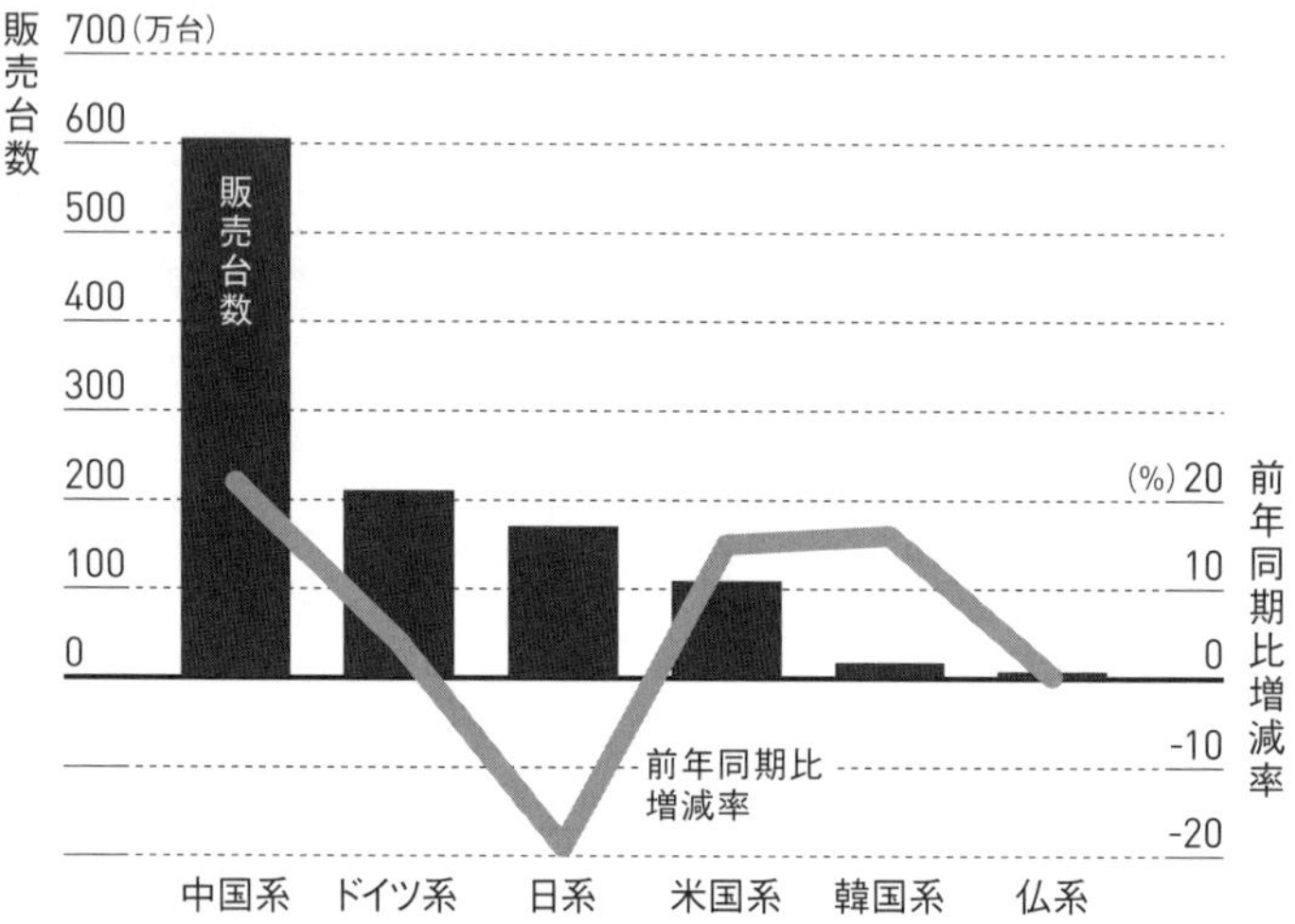


出所：マークラインズのデータを基に作成

BYDだ。その期間の新車販売上位の車種にはテスラとBYDのNEVがずらりと並ぶ。トップ10に入る4つのエンジン車のうちVWとトヨタの3車種は前年同期に比べ、販売台数が減少している。

　中国汽車工業協会は、23年の中国の新車販売台数が22年比3％増の2760万台になり、そのうちNEVが3割増の900万台と新車全体の3割に達すると予測している。

　劣勢に立たされているのが日本勢だ。EVのラインアップが少ない影響でシェアを急速に落としている。マークラインズによると、日系自動車メーカーの中国における1〜6月の新車販売台数は前年同期比20％減の171万台だ。競り合っていたドイツ勢にも大きく引き離された。トヨタは3％減、日産は24％減、ホンダは22％減と危機的な状況に陥っている。

隔世の感がある。

06年に現地で中国の自動車産業が勃興する様子を取材した時は、市場で上位を占めていたのは欧米や日本のメーカーだった。中国の自動車販売台数が約720万台になり、日本を抜いて世界第2の市場に躍り出た年だ。

中国東北部の瀋陽市にある三菱自動車のエンジン工場に行くと、工場内は活気に満ちあふれていた。同工場から中国の地場メーカー向けにエンジンを供給していたのだ。

同社の益子修社長(当時)に取材すると、「需要のあるところで生産するのが基本戦略なので、完成車事業も強化する」と語っていた。他の三菱自の工場からは、自動車事業に参入して間もないBYDにエンジンを供給していた。日本車メーカーが中国車メーカーに技術を教えるという立場だった。

自動車業界では当時から、中国車の躍進が「いつか来る」と言われ続けていた。しかし、技術や生産の知見を重ねてきた欧米や日本のメーカーの壁は高く、中国車が世界で躍進する時代はなかなか来なかった。

だが、20年ごろから状況が大きく変わる。中国政府の補助金と、ＥＶコストの低減により、一気にＥＶが普及期に入ったのだ。様々な中国車メーカーが新型のＥＶを発売し、市場拡大に火がついた。自国の市場で経験と自信をつけた中国の自動車メーカーは海外に打って出た。

中国汽車工業協会によれば、23年1～3月の中国の自動車輸出は１０７万台で、日本を上回った。これまでは長年にわたり日本が世界1位、ドイツが同2位の自動車輸出大国だった。中国は22年にドイツを抜き、23年1～3月に日本も抜き、自動車輸出を基幹産業とする2つの大国をしのいだ。

中国は電池や充電に関する特許出願でも世界をリードしており、ＥＶ関連の技術力を高めていることが明らかになっている。世界の市場で、中国メーカーのＥＶが台風の目になりつつある。

## 米国がダメ押し、EVシフトは世界の潮流に

世界的なEVシフトは、もはや「欧州の陰謀」では片づけられない状況になってきた。その流れを決定づけたのが米国だ。

まず、2022年8月に成立したIRAだ。北米で最終的に組み立てられ、材料や部品の一定割合を指定地域で調達・製造したEVを優遇することを盛り込んだ。

23年4月には、米環境保護局（EPA）が新たな排ガス基準案を公表した。27～32年モデルの新型車への規制を強化し、各メーカーには32年モデルの乗用車のCO2排出量を26年モデル比で平均56％減らすことを求める。EPAは、32年モデルの乗用車のうちEVが占める割合は67％に達すると見込む。

米政府は23年4月、消費者がEVを購入する際に最大7500ドル（約100万円）の税額控除を得られる車種の新たなリストを明らかにした。対象は米テスラの2車種、米ゼネラ

米国の乗用車販売に占めるEV比率

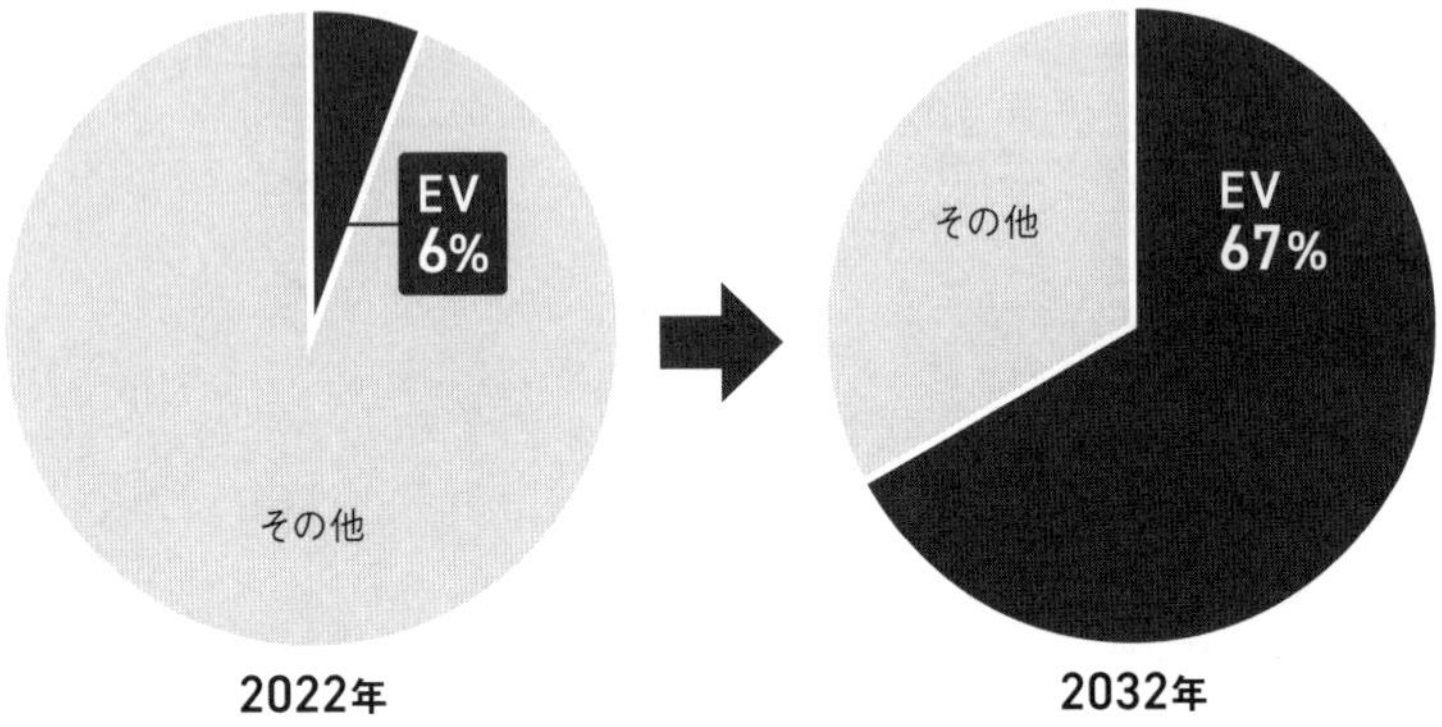


注:32年モデルは米環境保護局の予想

ル・モーターズ(GM)の6車種、米フォード・モーターの3車種。合計11車種のみだ。日本や韓国、欧州のメーカーは対象から外れたが、後にVWの1車種が対象に加わった。

対象外のEVは、電池の一定割合を北米で生産するという要件や、電池向け希少金属の一定割合を米国や米国が自由貿易協定(FTA)を結ぶ国などから調達するという要件を満たせなかった可能性がある。「米国のEVシフト政策は欧州のそれを上回るスピード。狙いは雇用と資源の確保だ」。伊藤忠総研の深尾三四郎・上席主任研究員はこう指摘する。

24年の大統領選で共和党が勝利すれば、EVシフト政策が後退する可能性もある。だが、深尾氏は「地球温暖化問題では民主党とスタンスが異なる共和党であっても、雇用と資源の重要度は高いのでEVシフトの流れは変わらないだろう。実際、トランプ前大統領時代にテスラの販売台数は伸びている」と話す。

米国の強烈なＥＶシフト政策は業界秩序を変える可能性を秘める。それはテスラの歴史が証明している。カリフォルニア州は自動車メーカーに、販売台数の一定割合をＥＶなど排ガスゼロ車（ＺＥＶ）とすることを義務付ける規制を導入。基準未達のメーカーは罰金を払うか、基準をクリアしているメーカーから「ＺＥＶ排出枠（クレジット）」を購入しなければならない。このクレジット収入が勃興期のテスラを支え、その後の飛躍につながった。

## トヨタは追い付けるか

英調査会社ＬＭＣオートモーティブによると、北米における22年のＥＶ生産台数は82万５０００台。テスラが60万７５００台と断トツであり、ＧＭとフォードが続く。ＶＷは９４００台、トヨタはゼロだ。

自動車各社は米国でのＥＶの需要が今後急激に増えると見て投資を加速している。ＢＭＷはサウスカロライナ州にＥＶ工場を建設し、ＩＲＡの対象となるメキシコに電池工場を新設する。欧州ステランティスは23年2月、インディアナ州に電気駆動モジュールの工場を立ち上げることを発表した。

これに対しトヨタは、米国で25年に3列多目的スポーツ車（ＳＵＶ）型ＥＶの現地生産を始めることと、電池工場の生産増強を発表している。ＬＭＣオートモーティブは25年時点の北米のＥＶ生産台数について、テスラが97万6０００台、ＧＭが36万7０００台、フォードが26万4０００台と予測している。出遅れた感のあるトヨタがその時期にトップ勢に追い付くのは難しい状況だ。日本における電池生産がＩＲＡの対象になるとの望みもあったが、それも排除された。

米国は他の地域に比べて単価が高い上に、販売量も多い市場だ。そこで進む急速なＥＶシフトにどこまで対応できるかが、自動車メーカーの今後の競争力を左右するだろう。米国の強烈なＥＶシフトで新たなメーカーが躍進し、下克上が繰り広げられるかもしれない。「ＥＶシフトで遅れた日本車メーカーは、米国市場で稼ぐのが難しくなるだろう」（伊藤忠総研の深尾氏）という不安の声も上がる。

## ＩＥＡビロル事務局長、米国ＥＶ市場拡大を予見

22年1月のフランス・パリ。国際エネルギー機関（ＩＥＡ）のビロル事務局長へのインタビューで、緊迫するウクライナ情勢と共に世界的なＥＶシフトついて聞いた。そこでビロル

国際エネルギー機関(IEA)のファティ・ビロル事務局長　(写真:井田 純代)

事務局長は、米国で急激なEVシフトが進むことを予見していた。「今の世界のEV市場は欧州と中国がけん引している。しかし、すぐに米国でもEV生産が急増するだろう」

ビロル氏はこの時、世界の自動車メーカー20社が集まる会議を開催し、そのうち18社が戦略の要となるモデルにEVを選んでいたと明かした。その上で、「EVに電気を供給するための十分な発電が必要であり、中国やノルウェー、オランダで政府がEV用に発電量の増加を支援する動きがある」と続けた。

IEAは22年のEV販売台数は730万台で、最低でも25年には1600万台、30年には3100万台になると予測している。30年までのEV販売台数は累計で約1億9000万台に上ると見込む。

ＥＶシフトの潮流は欧州・中国・米国にとどまらない。東南アジアでも、タイ政府が30年に新車生産の30％以上をＺＥＶとする目標を掲げ、現地生産のＥＶを対象に購入補助をするメニューなどを用意している。インドネシア政府もＥＶ優遇策を打ち出しており、既に韓国メーカーや中国メーカーによるＥＶ生産が始まっている。

こうした状況を受け、日本はどうするのか。日本はＥＶを購入する際に最大85万円の補助を受けられる制度があるが、発売されているＥＶの少なさや予算枠の上限から十分に需要を喚起できていない。新車販売に占めるＥＶのシェアは１・７％で、欧州や中国に比べ大幅に少ない。自国のＥＶ市場が立ち上がらない中で、日本の自動車メーカーはどのように戦うべきだろうか。

# 第 5 章

# EVユーザーの実像
# もはや「ニッチ」ではない

世界的に伸び続けている電気自動車（ＥＶ）の販売。転換点になったのは欧州で需要が沸騰した２０２０年だ。欧州自動車工業会（ＡＣＥＡ）によると20年の欧州31カ国のＥＶ販売台数は、前年に比べて約2倍の74万台となった。その後も勢いは止まらず、22年は前年から29％増の１５７万台に達した。

欧州だけでなく、中国と米国という自動車の巨大市場でも20年以降にＥＶ販売台数が伸びている。調査会社のマークラインズによると、自動車販売に占めるＥＶ販売の比率は右肩上がりで、22年12月期で見れば中国が22％、欧州が23％、米国が6％となっている。先進国でＥＶ販売が拡大する中で〝特殊な市場〟となっているのが日本だ。22年12月期のＥＶ販売比率は2％にとどまる。

世界的にＥＶ需要が高まった背景には、主に3つの要因がある。1つ目は規制だ。第4章で詳しく述べたが、例えば欧州連合（ＥＵ）は20年を基準に、1キロメートル走行当たりの二酸化炭素（ＣＯ2）排出量を平均で95グラム以下に抑えるという規制を課した。規制を何とかクリアするために各メーカーがＥＶ販売を増やそうと躍起になった。

2つ目は政府の支援策だ。各国政府がＥＶの購入補助を用意したほか、自動車関連税の控除もある。欧州では企業がＥＶを導入した場合に法人税を軽減したり、社員の所得税を

地域別のEV販売比率の推移

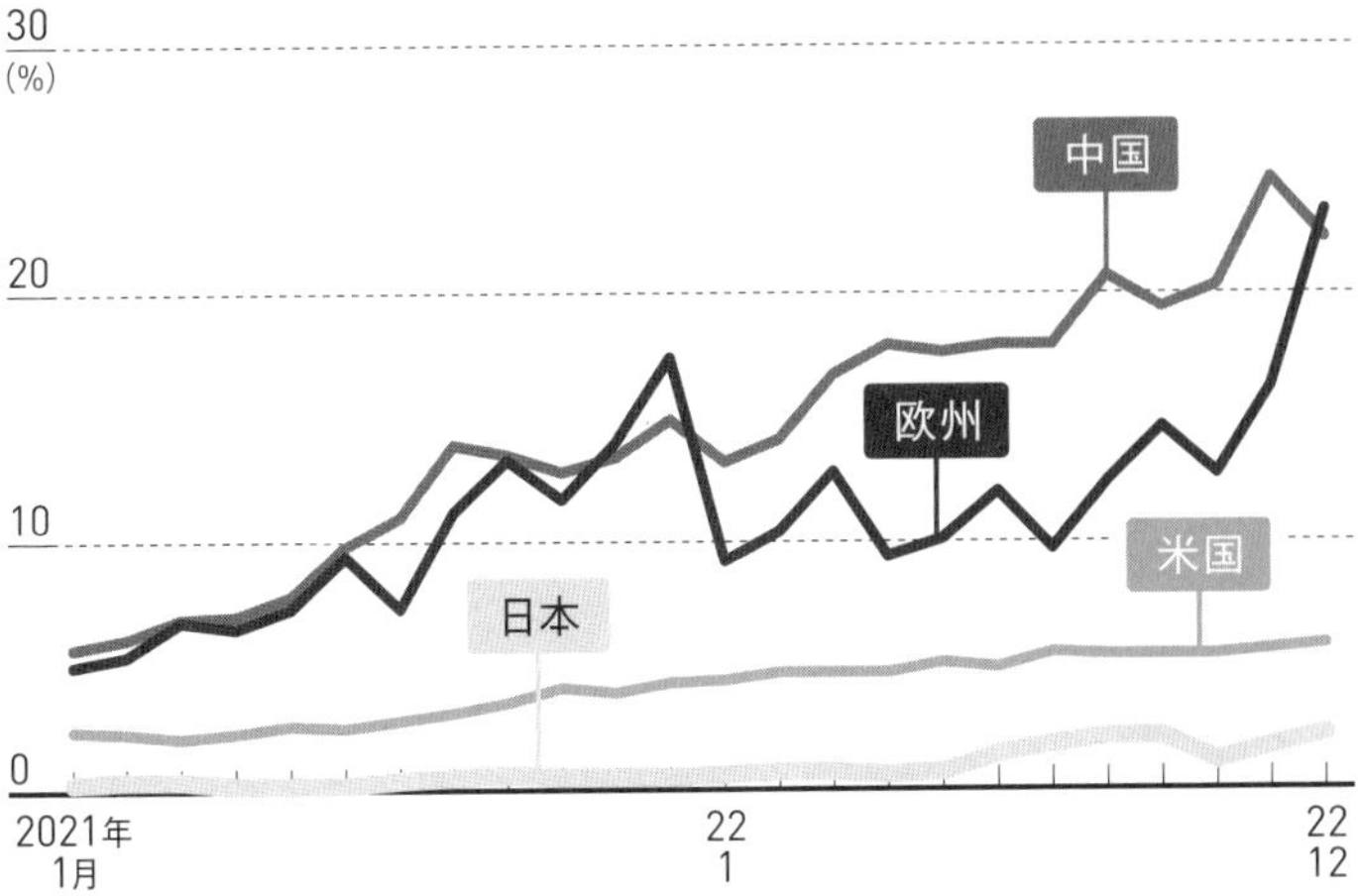


出所:マークラインズ
注:23年7月上旬時点の集計。一部推定値を含む。中国の台数は工場出荷台数

控除したりする制度がある。

3つ目は、燃料価格の上昇だ。ウクライナ戦争の影響でエネルギー供給が制約を受け、22年には欧州のいくつかの国でガソリンやディーゼル燃料（軽油）の価格が1リットル当たり300円を超えた。一時は走行距離当たりで電気代の方が燃料代より安い状況に拍車がかかった。

燃料価格は一時期よりも下がり、各国の補助金も縮小しつつある。それでもEV販売の勢いは衰えていない。もはや自動車ユーザーにとってEVは「ニッチ」な選択肢ではなくなっているのだ。

どのような消費者がEVを選び、利用しているのか。世界のユーザーの声に耳を傾けてみたい。

## 欧州ユーザーのリアルEVライフ

ドイツ・デュッセルドルフ近郊に住むマティアス・ビエニエクさんは、2021年11月に仏ルノー傘下の低価格ブランドであるダチアのEV「ダチア・スプリング」を購入し、12月納車で乗り始めた。「ルーマニアで開発された中国生産の新型車を購入するリスクは理解していた。だが、実際に乗ってみると想像以上に快適で大満足だ」と話す。

ダチア・スプリングは低価格車として知られる。提示価格は2万1000ユーロ（約315万円）だが、メーカーやドイツ政府からの補助金もあり、車両価格は1万2000ユーロ（約180万円）に値下がりした。ビエニエクさんの場合、保有していたフォルクスワーゲン（VW）「ポロ」の下取り価格が6000ユーロだったので、買い替えに支払った金額は6000ユーロ（約90万円）で済んだ。

ドイツ・デュッセルドルフ近郊に住むマティアス・ビエニエクさんはダチアのEV「ダチア・スプリング」を購入した
（写真：Mari Kusakari）

ダチア・スプリングは家族にとって不可欠な足となっている。ビエニエクさんの妻が片道25キロメートルの通勤で利用するほか、ビエニエクさん自身も片道25キロメートルほどのデュッセルドルフの中心地まで買い物のため週に2〜3回利用する。

満足していることの1つはエネルギー代の安さだ。平均すると月に約2000キロメートル乗っており、22年5月には走行距離が合計1万キロメートルに達した。この間にかかった電気代はおよそ400ユーロ。その時期はガソリンが1リットル当たり2ユーロを超えていたため、以前の「ポロ」であれば4倍の1600ユーロほど払っていた可能性があると振り返る。

また、ガソリンスタンドに並んだり、給油

したりする手間や時間を節約できるメリットも大きいという。今のところ故障はなく、充電で困ったこともほとんどない。ビエニエクさんは自宅のガレージに充電器を設置して毎日充電するほか、長く走る際は充電ステーションを利用している。満充電で230キロメートルほど走れるので、毎日の利用では困ることはないという。

ただ、一度だけ大変な思いをしたことがある。21年12月にベルリンまで遠出した時のことだ。満充電していたものの、外気温がマイナス8度で電池の消費が通常よりも速く、120キロメートル走ったところで充電のアラームが鳴り出した。

電池が切れる寸前のところで充電ステーションが見つかり、何とか事なきを得たものの、既に数台が充電設備の順番を待っていた。エアコンを使えない寒い車内で、ビエニエクさんは凍えながら愛犬と順番を待つ羽目になった。

それ以外はほとんどEVにネガティブな面はなく、「寒い時期の遠出さえ気を付ければいい」とビエニエクさんはあっけらかんとしている。次にクルマを購入するときにもEVを選択する可能性が「100%だ」(ビエニエクさん)という。

欧州のEV販売ランキング（2022年、車種別）

| 順位 | 車種 | メーカー |
|---|---|---|
| 1 | モデルY | テスラ（米） |
| 2 | モデル3 | テスラ（米） |
| 3 | ID.4 | フォルクスワーゲン（独） |
| 4 | 500e | フィアット（伊） |
| 5 | ID.3 | フォルクスワーゲン（独） |
| 6 | エンヤック | シュコダ（チェコ） |
| 7 | スプリング | ダチア（ルーマニア） |
| 8 | 208e | プジョー（仏） |
| 9 | コナ | 現代自動車（韓） |
| 10 | ニロ | 起亜（韓） |

出所：JATO

## ドイツ政府は6000ユーロの補助金

ビエニエクさんのように、ドイツでEVを購入する場合は政府からの補助金が購入の大きな助けになっている。ドイツ在住のカリンさんは、21年7月にVWの「ID・3」を3万2000ユーロ（約480万円）で購入した。そのうちVWから3500ユーロ、ドイツ政府から6000ユーロの補助を受けた。

通勤のために毎日使うカリンさんが高く評価するのは乗り心地の良さだ。エンジン音がないEVは静かで、運転中のストレスが少ないという。また加速が良く、ガソリン車やディーゼル車を楽に追い越せるのもうれしいポイントだと話す。

政府の支援を受けて購入した自宅の機器で主に充電しており、満充電には4時間半かかる。航続距離

ドイツ北部在住のヤン・ミヒャエル・ヘスさんは社用車としてテスラの「モデル3」を購入した

が２５０キロメートルほどとガソリン車より短いのが課題だが、充電インフラには満足しており、次もＥＶを購入したいと考えている。

米テスラのＥＶが非常に人気があるのは欧州も同じだ。ドイツ北部在住のヤン・ミヒャエル・ヘスさんは21年1月に社用車として「モデル3」を購入し、２月に納車された。購入時の価格は５万７６８０ユーロ（約８６５万円）。そのうち９０００ユーロは補助を受けた。テスラから３０００ユーロ、ドイツ政府から６０００ユーロだった。

ヘスさんは、サステナビリティーがテーマのスタートアップ向けカンファレンスを企画・開催する会社「エコサミット」を経営しており、環境関連のテクノロジーに関心が高い。

「以前からEVに関心がありテスラのファンだが、これまでは価格が高すぎた。手に入る価格だったモデル3が発売されて飛びついた」と話す。

19年6月に最初のモデル3を購入し、今乗っているのは2台目となる。1台目は長距離ドライブの際に充電の不安があったので、1回の充電で長い距離を走行できる現在のモデル3に切り替えた。モデル3の前はメルセデスのAクラスに19年間乗り続けていたという。

小学生の息子の学校への送迎や、買い物のために毎日のようにモデル3を利用している。充電で困ることはほとんどないという。特にテスラのスーパーチャージャー（街に設置してある専用充電設備）は非常に便利で、プラグを差し込むだけで充電と支払いができる。また充電価格も安い。そのため常にスーパーチャージャーを利用しているという。

ヘスさんはEVの利便性を強く実感している。「レンタカーを借りる際にEVの選択肢がないのが困る。今後はEV以外を購入するつもりはない。補助金がなくても間違いなくEVを選ぶ」と話す。

ドイツ北部在住のマルティン・ウィルヘルムさんは、ドイツの中でもいち早くテスラのユーザーになった1人だ。14年に「モデルS」を購入。熱心なテスラ愛好家であり、当

世界各国のEV購入補助

| | |
|---|---|
| ドイツ | 22年末までの購入補助はEVが最大9000ユーロ、PHVが最大6750ユーロ。23年からEV向けを最大4500ユーロに減額し、PHV向けは廃止 |
| フランス | 23年の購入補助は最大7000ユーロ |
| 英国 | 22年5月まで購入補助を段階的に減額し、同年6月から補助を打ち切り |
| スウェーデン | 22年10月まで購入補助は約5万クローネ。同年11月に補助を打ち切り |
| 米国 | 購入に対し最大7500ドルの税額控除 |
| 中国 | 段階的に補助金は削減され、23年1月からEV向けの購入補助を廃止 |
| 日本 | 22年度から最大85万円の補助 |

時は補助金がなかったが11万5000ユーロ（約1725万円）で購入した。

ウィルヘルムさんは既に12万7000キロメートルも走行しているが、「故障したことはほとんどない」と話す。充電は自宅とオフィスのほか、テスラのスーパーチャージャーを利用しており、充電を待ったこともほとんどないそうだ。

## 「次もEVを購入」

もちろん、EVを発売した時期が早かったルノーと日産自動車のユーザーも多い。ドイツ在住のズュンダーマンさんは20年10月にルノーの「ゾエ」を購入した。表示価格は2万7000ユーロだったが、メーカーと政府から1万ユーロの補助があり、1万7000ユーロ（約255万円）で購入した。以前は米フォード・モーターのガソリン車であるフォーカスを利用していた。

平日や休日など毎日のようにゾエを利用するズュンダーマンさんは、「経済的で運転がしやすい。これまで購入した中で最高のクルマだ」と語る。充電時間が長いのが課題だが、次もEVを購入すると決めている。

デンマーク出身のアンナさんは環境に良いという理由で日産のリーフを19年に購入。普段は自宅で充電するので問題ないが、住んでいるデンマーク北部は充電インフラがまだあまり整っていないため、遠出には気を使っている。以前、寒い中で電池が切れ、ロードサービスが来るまで2時間ほど立ち往生した経験があるからだ。ただ充電インフラも徐々に整いつつある。アンナさんは次もEVを購入したいと話す。

ドイツ在住のレッシュさんは21年4月に、小型EVを2万3000ユーロで購入した。メーカーとドイツ政府から9000ユーロの補助を受けたため、実質的な負担は200万円以下だ。通勤や買い物のために毎日EVを利用しており、コストと乗り心地に非常に満足しているという。課題を聞いたところ、レッシュさんは「車両が重いためにタイヤの摩耗が早い」という点を挙げた。

22年6月にEV購入時の補助金が廃止された英国。ロンドン在住の30代のウィリアム・

22年夏に「MG4」を購入したロンドン在住のヤンさんと妻チャンさん

ヤンさんは22年夏に補助金を受けず、上海汽車集団のEV「MG4」を購入した。以前はスウェーデンのボルボ・カーのエンジン車を所有しており、下取りに出したところ3万ポンド（約540万円）の値が付いた。それとほぼ同じ価格でMGを購入できたという。

購入の大きなきっかけは22年の燃料価格の高騰だった。英国では1リットル当たり2ポンド（約360円）を超えていた。ヤンさんは仕事の移動などで車を利用することが多く、ガソリン価格の負担が大きかったという。ちょうど自宅マンションに充電器が設置され、比較的安価に充電できるインフラがあったためEVに切り替えた。

様々な車種を調べたところ、MGのコストパフォーマンスが良いと感じたという。「中国製ということで、ディスカウントされている部分があると思う。この10年ほどで（韓国の）現代自動車や起亜のブランド価値が高まったように、今後はMGもブランド価値が上昇するはず」とヤンさんは期待を寄せる。

購入してから1年ほど経つが、ほとんどトラブルはなく、選択に満足している。一度だけフランスに旅行した際に電池が切れそうになって慌てたことはあった。しかし、遠出の際は充電ステーションの場所をチェックするのが習慣になっており、問題はないという。

## ノルウェーはEV販売比率8割に

新しい物好きや環境意識の高い人だけがEVを選択しているのだろうか。もはや欧州はそうした状況にとどまらない。様々な優遇制度がある「EV先進国」のノルウェーでは、新車販売に占めるEV比率が22年3月に8割を超えた。

21年通年では、新車販売台数に占めるEVの比率が64・5％、プラグインハイブリッド車（PHV）が21・7％だった。それが22年に入ってEV販売が急増し、PHVの販売が急減。3月の販売比率でPHVは5・8％まで下落した。

きっかけは税制の変更だ。22年からPHVを購入する際の税率が上がり、PHVから

EVへの流れが起きた。ノルウェーEV協会のアドバイザーであるラーズ・ゴッドベルト氏は22年5月の時点で、通年のEV販売比率について「今の勢いを考えれば、80%台の中盤から後半になるかもしれない」と予測していた。その予測にこそ届かなかったが、22年のEV販売比率は79%という高い水準で着地した。ノルウェー政府は25年に新車販売の全てを排ガスゼロ車にする目標を掲げており、その目標に着々と近づいている。

ノルウェーは00年ごろからEV普及のために様々な制度を導入してきた。EVだけ道路関連税を免除したり、バスレーンの通行を許可したり……。廃止された制度もあるが、多種多様な普及策を次々に打ち出した。背景には大気汚染の軽減のほか、水力発電由来の比較的安価な再生可能エネルギーの利用を促すなどの狙いがあった。

様々なEV優遇策の中で特に効果的だったのが税制優遇だ。エンジン車には重い取得税や付加価値税（VAT）を課すのに対して、EVではこれらの負担をゼロにした。その結果、相対的にエンジン車よりEVの方が安くなった。消費者にとってEVが「お買い得」になり、ノルウェーのEV販売比率は急上昇していった。

7年前の16年、テスラのイーロン・マスクCEO（最高経営責任者）はツイッターにこう投稿した。「たった今、ノルウェーが25年に燃料車の新車販売を禁止する方針だって聞いた。

なんてすごい国なんだ。最高だ」。当時は生産台数が10万台に届かず、時価総額はトヨタ自動車やＶＷの足元にも及ばない水準だったテスラだが、欧州ではまずノルウェーで顕著に販売台数を伸ばした。その後のテスラの躍進ぶりは第1章で触れた通りだ。

人口約５４０万人であるノルウェーの新車販売台数は、米国や中国の市場規模からすると極めて少ない。だが、そこに見逃せない兆候が表れることもある。

かつてノルウェーのＥＶ市場を席巻したのは日産自動車のＥＶ「リーフ」だった。18年までは販売シェアがトップだったが、その後にさまざまなＥＶが登場し、21年に7位に後退した。

ＥＶユーザーに話を聞くと、以前は日本車に乗っていた人が多いことに驚いた。タイム・ランディンさん（51歳、女性）は、20年にボルボ・カーのＥＶ「ＸＣ４０」を購入。以前はホンダの「ＣＲ-Ｖ」に乗っていたという。「子供が3人いるので中型ＳＵＶは最適だった。ＣＲ-Ｖに近いサイズだったのでボルボのＥＶを選んだ」と話す。日本車の存在感の低下は気になるところだ。

ノルウェーの消費者の中で今、有力な選択肢になっているのが韓国勢と中国勢だ。「何より安いからね」と韓国・起亜のＥＶ「ニロ」について語るのは、アブディ・ムハンマドさん。

オスロ在住のラーズ・エリックさんは、中国・小鵬汽車のEV「G3」を利用する

21年におよそ37万クローネ（約500万円）で購入したという。日本では安いクルマとはいえないが、物価の高いノルウェーでは相対的に安い。自家用車をライドシェア向けに使うこともあり、維持費の安さに助けられているという。以前はトヨタのHV「プリウス」に乗っていた。

オスロ在住のラーズ・エリックさんは中国・小鵬汽車（シャオペン）のEV「G3」を利用する。リースで月間およそ5000クローネ（約7万円）を支払っているという。「ブランドにこだわらず、コストパフォーマンスを比較して選んだ」と話す。

同じくオスロ在住のオーバン・バリエットさん（47歳、男性）は中国大手の上海汽車集団が手掛ける「MG」ブランドのEVを購入した。

バリエッドさんはテスラのＥＶを2台乗った後に、ＭＧに乗り換えた。「技術レベルが高い中国のＥＶが増えたので試してみたくなった。乗り心地は悪くないよ」と話す。

欧州市場のほぼ全てがエンジン車だった時代には、欧州メーカーや日本メーカーの存在感が際立っていた。現在のＥＶ市場では米テスラやＶＷが優勢だが、ＥＶ需要の高まりとともに、これまで目立たなかった韓国勢や中国勢などに消費者の選択肢が広がりつつある。

## 中国政府の思惑がユーザーに浸透

2022年夏に話を聞いた中国・上海市在住の胡静躍さんは、自動車整備工、運転手、ハイヤー会社の経営と、65歳までずっとクルマに関わる仕事をしてきた。修理や改造もお手の物だ。そんな胡さんは大の日本車びいきで、「日本のメーカーの技術力は高く、デザインも良い」と語る。当時乗っていたのはトヨタのカローラだ。

そんな胡さんが次のクルマに選んだのは、テスラの多目的スポーツ車（SUV）「モデルY」。「残念ながら今は日本のメーカーにはいい候補がなかった」と語る。車体も座席シートもフロアマットもお気に入りの白で統一。納車予定の12月を指折り数えて待っていた。

EV購入に不安はなかったのか。そう聞くと「体感では街中を走るクルマの3割ぐらいがEVだし、政府も後押ししている。無料広告のようなもので、新車購入時には自然とEVが候補になる。乗っている人の声を聞いても故障は少ないようだ」との答えが返って

テスラのモデルYを購入した中国・上海市在住の胡静躍さん

きた。胡さんはEVについて「何度もショールームに足を運んで調べたが、十分に実用レベルだ」と評価する。

航続距離を重視して車種を探したため、テスラのほか、電池技術に定評がある比亜迪（BYD）など中国メーカーも候補に挙がった。それぞれ運転支援システムや自動運転技術も備えており先進性も魅力的だったが、「中国メーカーはデザイン面がしっくりこなかった」と語る。「660キロメートルの航続距離を持ち、自動運転技術やデザインなどを高次元で備えているテスラを選んだ」という。

今回新調したのは自家用車だが、胡さんが経営するハイヤー会社では18台を運用している。現在のラインアップは米ゼネラル・モーターズ（GM）と日本メーカーの車種だが、「買い替える場合は基本的にEVにしていく。長距離輸送のために2台くらいはガソリン車を残しておくことになるだろう」と話す。

## ナンバープレートも振興策に

配車サービス「滴滴出行（ディディ）」の運転手をする20代の彭凱さん（仮名）は22年1月、上海汽車集団のEV「栄威・i6 MAX EV」を購入した。自家用と仕事用の二役を兼ねている。ほかの中国メーカーも検討したが、「それまで上海汽車のSUVに乗っていたこともあってこの車種に決めた」と振り返る。そして彭さんは「（ガソリン車を示す）青色のナンバープレートは売れるし、EVの方が維持費を安くできる」と付け加えた。

21年の中国の自動車販売台数は約2600万台で、うちEVやPHVなどの「新エネルギー車」（NEV）は20年比69％増の352万台だった。市場拡大の追い風となってきたEV購入補助金は22年末に終了したが、それ以外にも振興策がある。

大都市などを中心に環境対策の名目で実施されているのがガソリン車へのナンバープレート規制だ。発行数量を規制することで都市部の交通量を減らす狙いだ。発行したナンバーは競売され、22年夏ごろの上海の落札価格は9万1000元（約182万円）前後だった。

緑色のナンバープレートを付けるNEVはナンバー取得にこうした負担は発生しないため、消費者がNEVを選ぶ動機になる。

滴滴ドライバーの彭さんは一般ユーザーより長距離を走ることになるが、実際にEVに乗ってみると充電で困ることはほとんどないという。「有料充電スタンドのネットワークが充実しており、アプリですぐに見つけられるようになっている。お昼ご飯を食べながら充電すればヒヤヒヤすることもないよ」と彭さんは話す。

自宅マンションの駐車場に充電スタンドはないが、2階にある家のコンセントからケーブルを引っ張って充電している。6階に住んでいる人も同じようにしているという。


最低価格2万8800元（約58万円）からという圧倒的な低価格で中国国内のベストセラーになった上汽通用五菱汽車の小型EV「宏光MINI EV」。この車種を王小豆さんが購入したのは21年5月のことだ。購入価格は保険料を入れて4万8000元。「ガソリン代より電気代の方が安いし、小型で駐車しやすい」と王さんは購入の動機を説明する。

自宅には父親が乗るBMWのクルマもあり、主に短距離用として宏光MINIを使っている。充電設備がなく家庭用コンセントから充電しているのは王さんの自宅も同じ。「電池が持つかどうか心配だったが、普段使いにはまったく問題なかった」と満足げだ。

## 「テスラに続け」と動き出した米国

「イーロン・マスク氏のこだわりを感じる」。2021年夏に米テスラのSUV「モデルY」を社用車として導入したビジネスエンジニアリング米国法人社長の館岡浩志さんはこう話す。月670ドルのリース代は通常200~500ドルのガソリン車に比べ決して安くないが、いざ利用してみると想像以上の利点があることに気が付いた。

まずコスト面だ。企業に業務・生産管理ソフトウエアなどを提供している同社は、本社のあるシカゴから顧客の生産現場などに足を運ぶことが頻繁にある。例えばメーカーの多いケンタッキー州レキシントンに社員と2人で行く場合、飛行機で移動して空港でレンタカーを借りると4時間半、約1000ドルはかかる。

一方、EVで移動すると時間はほぼ同じで、費用は出発前と途中1回の充電分だけで済む。「夜中に自宅で充電しているが、電気代は導入前とほぼ同じ。急速充電器を使うと1回

約20ドルで、1回の給油で50〜60ドルかかるガソリンよりも安い」（館岡さん）

米エネルギー省の統計によると、全米で22年までに公共だけで12万2000台以上の充電器が大手小売店やショッピングモールの駐車場などに配置されている。ただ、充電時間が約30分の高速充電器は約2万4000台に限られる。

この課題をテスラはナビゲーションシステムで解決している。目的地を入れると、どこで電池の残量が少なくなり、その時に使える充電器がどこにあるかを自動で操作パネルに表示する。

「テスラの設計スタイルは非常に興味深い」と館岡さんは話す。計器類はインストルメントパネル中央に配置するタブレットに集約し、ナビはもちろんエアコンや音楽などすべてをタッチパネルで操作する。「サイドミラーにケバ（部品の成型時にできる突起）がある」など日本車なら考えられないハード面の甘さもあるのに、スピーカーは高級車並みに高品質。マスク氏のこだわりが見えるクルマは足りない部分も含めて魅力的だ。

## 「これだ」と飛びついた

米国ではテスラがＥＶ革命をけん引してきたが、近年は他の新興メーカーや既存の自動車メーカーも続々とＥＶを市場投入し、顧客層を広げつつある。野村総合研究所が21年10月に発表した日米独中の消費者調査によると、米国でＥＶを所有または購入したいと考えている人の割合は17年の26％から21年には42％に急増した。

米アマゾン・ドット・コムが出資することで知られる新興メーカーのリヴィアン・オートモーティブが21年9月に発売した「Ｒ１Ｔ」。米国で人気のピックアップトラック型ＥＶだ。メーン州に住む井上直人さんはその購入者の一人。太陽光パネルを用いた発電システムの設計・工事会社を１９７５年に立ち上げた井上さんにとって大型ピックアップトラックは仕事で必須だが、それまで市場にＥＶは存在していなかった。「（２０１８年に）リヴィアンが予約を始めた時に『これだ！』と飛びついた」と井上さん。出荷の遅れがあり、手元に届いたのは22年3月だ。

使ってみて感じたのは、「（米フォードの大型ピックアップの）Ｆ３５０に比べても遜色ないどころかそれ以上」という力強い走りだ。航続距離は３１４マイル（約５００キロメートル）。井上さんによると、フル充電後に操作パネルに表示される航続距離は最大295マイルで、自宅から180マイル離れたマサチューセッツ州のケープコッドに行く場合も不安なく乗れるという。

自宅の設備で発電した電力を使っているため、ランニングコストはゼロに近い。車両コストは7万2000ドル（その後、約9万ドルに値上げ）と安くはなかったが、長期的に見ればガソリン車よりも低コストになる。

約60年前に渡米した井上さんは現在70歳。「孫たちが暮らす未来の地球を考えるとEV化は必要不可欠。EVの未来を生み出そうとしている若い経営者をトコトン応援したい」と話す。

米国では23年1月からEVなどの「クリーンビークル」の購入に対する税額控除制度も始まった。乗用車なら最大7500ドルが控除の対象となる。6月にはフォードとGMがテスラの充電規格の採用を決め、自社のEVの利用者がテスラの急速充電器のネットワークを利用できるようにすると発表した。充電インフラの整備と、購入支援策、そしてラインアップの拡充が同時に進み、米国の消費者にとってEVが当たり前の選択肢となっていく。

## 軽からＥＶが広がる日本

日本の国内ではこれまでＥＶの選択肢が限られていたが、潮目は変わりつつある。日産と三菱自動車は22年5月、軽自動車型のＥＶを発表した。それぞれ日産は「サクラ」、三菱自は「ｅＫクロスＥＶ」という車名だ。

群馬県で飲食店を経営する古川行男さんは、セカンドカーとしてｅＫクロスＥＶを22年6月に購入した。購入前に既存のＥＶ「アイ・ミーブ」に試乗したところ、静かさや航続距離でＥＶの進化を感じたという。

ｅＫクロスＥＶは国の補助金を利用すれば実質価格が約１８０万円からで、自治体の補助が加わればさらに安くなる。「同じ装備のガソリン車よりお得」とみて購入に踏み切った。航続距離は１８０キロメートル。「実際の走行距離は気になるが、性能は申し分ない」と、購入手続きを終えた古川さんは納車を心待ちにしていた。

日産のサクラのユーザーにも話を聞いた。愛知県在住の塚田幸雄さん（仮名）は22年夏に購入し、23年1月末に納車された。それまでは12年以上、ホンダのエンジン車に乗ってお

愛知県在住の塚田幸雄さん（仮名）は日産自動車のEV「サクラ」を購入した

り、「最初はＥＶの発進や加速がなめらかで力強いことに驚いた。停車中はもちろん、ドライブしている時も音が静かなのが気に入っている」と話す。

自宅用の充電器の設置がＥＶの納車に間に合わないという問題はあった。ただ、毎日通勤で利用しているわけではないため、スーパーやショッピングセンターを訪れた際に充電しておけば特に問題はなかったという。

5月の連休には2泊3日で愛知県から京都、神戸、有馬温泉を回る旅行にサクラで行った。「充電ステーションを探しながら頭を使って旅程を組み立てたので、充電不足にはならなかった」と塚田さんは振り返る。

デロイトトーマツグループの「2022年

次世代自動車に関する消費者意識調査」によると、日本の消費者の4割が「ＥＶを購入したい」と考えているという。ＥＶ市場拡大の潜在力は大きいということだ。その一方で、消費者が3年以内の検討対象として挙げたのはガソリン車とＨＶが圧倒的多数だった。

車両価格や充電インフラへの不安がある上、日本メーカーが提示している魅力的なＥＶの種類が少ないこともあるだろう。ボストン・コンサルティング・グループの滝澤琢氏は、欧州や中国と比べて、日本の消費者にとってＥＶは「まだ『当たり前のもの』になっていない」と指摘する。世界で戦う自動車メーカーにとって「必然」となったＥＶを、日本市場をテコに成長させるような道筋をつくれるだろうか。

# 第6章

# 高級車勢は「EV専業」ボルボ・メルセデスの深謀遠慮

今から6年後、古い技術(エンジン車)に数万ドルも払うだろうか？　乗りたい人が減り、残存価値も大幅に減るだろう

**——スウェーデン ボルボ・カー ジム・ローワンCEO**

米テスラや中国の比亜迪（BYD）など電気自動車（EV）を主力とするメーカーが躍進する中、既存の自動車メーカーは変革を迫られている。長きにわたってエンジン車を販売し、多くの顧客を抱えている分、戦略の転換には痛みを伴う。EVシフトを中途半端に進めれば、専業メーカーに太刀打ちできずに埋没してしまう恐れもある。

EVという新しい市場が拡大する中で存在感を高めるためにはどのような道があるのか。思い切ったEVシフトで大胆な路線をひた走るのがスウェーデンの高級車メーカーであるボルボ・カーだ。21年3月に「30年までに新車販売の全てをEVにする」と発表し、EV専業宣言をする自動車メーカーの先駆けとなった。最終目標を掲げるだけでなく、ロードマップとなる中期的な目標も示した。25年に新車販売の50％をEVにして営業利益率を8～10％にすることを目指す。

実はボルボの販売台数は、トヨタ自動車の高級車ブランド「レクサス」に近い。22年はボルボが61万5000台で、レクサスが62万5000台だった。レクサスは30年までに全カテゴリーでEVフルラインアップの実現と、100万台の販売目標を掲げている。35年に世界の新車新車販売の全てをEVにする計画だ。だが、22年のEV販売台数はボルボが6万7000台弱だったのに対し、レクサスは5000台弱と差がついている。レクサス

主な自動車メーカーのEV生産・販売計画

| | |
|---|---|
| テスラ（米） | 2030年に2000万台のEV販売 |
| ゼネラル・モーターズ（米） | 35年までに全ての新車をZEVに |
| フォード・モーター（米） | 30年までに新車販売の半分をEVに |
| フォルクスワーゲングループ（独） | 30年までに新車販売の半分をEVに |
| **メルセデス・ベンツグループ（独）** | **市場環境が許せば30年までにEV専業に** |
| BMW（独） | 30年までに新車販売の半分をEVに |
| ステランティス（欧州） | 30年の新車販売に占めるEV比率を<br>欧州で100%、米国で50% |
| ルノー（仏） | 30年までに欧州新車販売の100%をEVに |
| **ボルボ・カー（スウェーデン）** | **30年までにEV専業に** |
| 現代自動車グループ（韓） | 30年に364万台を生産 |
| トヨタ自動車（日） | 26年に150万台、30年に350万台を販売 |
| ホンダ（日） | 40年までに新車販売をEVとFCVのみに |
| 日産自動車（日） | 30年度までに新車販売に占める<br>EVとHVの比率を55%に |

注：EV（電気自動車）、ZEV（排ガスゼロ車）、HV（ハイブリッド車）

は23年に初のEV専用車種を発売したが、ハイブリッド車（HV）の新車も発売しており、現時点ではボルボほど急激なEVシフトにはなっていない。

ボルボや独メルセデス・ベンツグループなど、「EV専業」への転換を宣言した自動車メーカーたちはどのような戦略を描いているのか。高級車のEVシフトがどのように受け入れられるかを占う意味で、先行するボルボなどの取り組みはトヨタにとって、格好の参考事例となる。

## ボルボ、専業宣言の思い切りと割り切り

2022年11月、スウェーデンの首都ストックホルム。季節外れの暖かさだったこの日、ボルボは市街の商業地区に設けた会場で新型車「EX90」を発表した。1回の充電で最大600キロメートル走行し、30分以内に10%から80%に充電できるというEX90は、ボルボが「新時代のEV」と位置付ける戦略車だ。

お披露目したのはEVだけではない。22年3月にCEO（最高経営責任者）に就任したジム・ローワン氏が、公開イベントに初めて登場した。カジュアルなパンツにスニーカーを合わせた姿のローワン氏は、EX90の周りを歩きながら世界中のメディアに語りかける。「ソフトウエアによって真に定義される最初のボルボ車だ」

このローワンCEOの存在そのものが、今の自動車産業のトレンドを象徴している。ローワン氏は個人用携帯情報端末で一世を風靡したカナダのブラックベリーなどで20年以上、

22年11月に新型EV「EX90」を発表したボルボのジム・ローワンCEO

製品開発などに携わってきた。自動車好きの「カー・ガイ」というより、デジタル産業に詳しい「テック人材」のイメージが強い人物だ。エンジンで世界中のファンを引きつけるイタリア・フェラーリも、IT（情報技術）業界出身のビーニャ氏をCEOとして招いた。

## EVはセンサーの塊に

ボルボはEX90に最先端のデジタル技術をふんだんに盛り込み、代名詞ともいえる安全技術を大幅に進化させた。ボルボが世界で初めて開発した3点式シートベルトや衝突安全はパッシブセーフティー（受動的安全）だが、ボルボが今回強化したのは事故のリスクを事前に検知して回避するアクティブセーフティー（能動的安全）だ。

そのためEX90は「センサーの塊」となっている。8台のカメラに5個のレーダー、16個の超音波センサーを搭載。それに加え、赤外線レーザーを使った高性能センサーのライダー（LiDAR）を自動車大手として初めて標準搭載した。

ライダーによって、最長で250メートル先にいる歩行者や、120メートル先にある道路上の小さな障害物といった、肉眼では見落としてしまうようなものも検知できるという。ローワン氏は「ボルボの調査では、ライダーの搭載で重大な事故や死亡事故を最大20％削減でき、衝突回避率を最大9％向上させられる」と話す。

## 豪華な企業たちとの協業

これらの安全技術を集中的に制御するのが自社開発の車載ソフトウエアだ。フォルクスワーゲン（VW）など自動車大手が独自OS（基本ソフト）の開発に苦戦している中で、なぜ比較的規模の小さなボルボがいち早く開発できるのか。それは、同社がこの5～10年間で進めてきた思い切りと割り切りのたまものといえる。

電気でモーターを駆動するEVは、必然的にソフトウエアの領域が増える。ボルボは

ＥＶシフトを宣言するのと並行して、ソフトウエア開発を重視する姿勢を鮮明にしてきた。そのおかげでソフト開発のエンジニアを集めやすくなっているという。ローワン氏は「（ＥＶ専業宣言は）若い優秀な人材を集めるのにも役立つ」と話す。

割り切りについては、自社で全てを手掛けるのではなくパートナーシップを積極的に活用している。ＥＸ９０の開発では「世界で最大もしくは最高のテック企業と連携した」とローワン氏は強調した。

まず、米グーグルと提携。15インチ型のセンタースクリーンでグーグルの様々な機能が使える。音声操作機能の「グーグルアシスタント」を活用したハンズフリー支援なども備えている。米アップルのスマートフォンとの連携機能にも対応した。また、米クアルコムの高性能半導体と米エピックゲームズの３Ｄ解析や映像化技術を用いて、ドライバーが情報を読み取りやすい高画質の映像を車載スクリーンに表示する。

ライダーではシリコンバレーのスタートアップ、米ルミナー・テクノロジーズをパートナーに選んだ。低価格ながら精度の高い検知能力のあるルミナーのライダーをＥＸ９０のルーフ前端部に取り付けた。

そして米エヌビディアとクアルコムの高性能半導体を用い、自社開発の「ボルボＯＳ」で安全システムやインフォテインメント、バッテリーなどを集中制御していく。ボルボのハ

ボルボはEX90の開発で米グーグルと提携し、センタースクリーンを使いやすくした

ピエル・バレラCOO（最高執行責任者）は、「自社開発のOSにより、機動的にソフトウエアの更新ができる。顧客にとって違いを感じられる部分は自社開発にこだわる」と話す。

ボルボの先進技術担当役員のヘンリク・グリーン氏に独自OSの開発スピードが速い理由を尋ねると、「ソフトとハードの開発を分離し、ソフトの開発に経営資源を集中投下したから」という答えが返ってきた。

ボルボはEX90を「車輪上のコンピューター」と明確にうたっている。ハードからソフトへ。自動車産業の付加価値の源泉が大きく変わりつつある。

## 巨人にない強みをつくる

ボルボは販売面でも割り切りが目立つ。完全ＥＶ化の方針を打ち出すと同時に、ＥＶをオンラインだけで販売することを発表した。30年までに新車販売が全てオンラインに移行するということだ。ディーラーは保守点検などの役割を担っていくという。

日本でも、23年に投入したＥＶ「Ｃ４０」でサブスクリプション（定額課金）サービスを最初の１００台限定で導入するなど、ＥＶを普及させるために様々な工夫を凝らしている。最短３カ月で解約できるようにしており、ＥＶに触れる消費者を増やす狙いがある。

既存店にとって、営業や販売の役割がなくなるインパクトは大きい。何らかの抵抗があることは間違いない。実際、独フォルクスワーゲン（ＶＷ）もＥＶのオンライン販売を導入するが、既存店への配慮から店舗での販売も存続させる方針だ。オンライン販売に切り替えながら、ディーラーと新たなビジネスモデルを構築していくという。

この10年ほど、自動車業界の秩序を破壊してきたのは、テスラやグーグルなどの新規参入者だった。既存メーカーは攻めつつ守るという、よく言えば「両にらみ」、悪く言えば「どっちつかず」のスタンスを示してきた。それが、結果的にＥＶ専業であるテスラの価値を際立たせることになった。

その中でボルボは、高級車主体で年間販売台数が60万台強という「小ささ」を逆手にとり、軽いフットワークで脱エンジンを一気に進める。EV専業宣言をした当時のホーカン・サミュエルソンCEOは「大きなメーカーに比べ車種が少ないというアドバンテージがある」と話していた。既存車種の顧客や関係者の存在が変革の障壁になりやすい「巨人」にはない強みをつくろうという発想だ。

EV化やオンライン販売を推進するリスクはもちろんある。エンジンを好む顧客や、ネット販売に抵抗感がある顧客を取り逃がすかもしれない。その一方で、経営資源の集中投下で技術的な優位性を持ち、先進的なブランドイメージを確立できる可能性もある。それによって、失う顧客よりも新たな顧客を増やしていく。ボルボはその可能性に懸けたのだ。

## 普及型ＥＶへの執念、「中国製」活用

２０３０年に新車販売の全てをＥＶとする目標を掲げたボルボは、これまで高価格帯のＥＶを中心に発表してきた。ＥＸ４０とＣ４０はいずれも４万５０００ユーロ（約６７５万円）を超える価格で、ＥＸ９０はさらに高い価格になる見通しだ。そのため、ボルボの新車販売に占めるＥＶの比率はまだそれほど上がっていない。23年1〜4月で見れば18％にとどまる。

このペースで本当に30年にＥＶ専業になれるのか。あの宣言はただのアドバルーンだったのか——。

ボルボは23年6月、イタリア・ミラノでそうした疑問に対する１つの答えを見せた。ボルボのどの車種よりも小さい車格で普及価格帯のＥＶ「ＥＸ３０」を発表したのだ。

イタリアは、欧州の主要国に比べて新車販売に占めるＥＶの比率が低い。多くの欧州都

ボルボ・カーは23年6月、イタリア・ミラノで小型EV「EX30」を発表した

市部で目に見えてEVが増えているが、発表の場に選んだミラノは他の都市に比べてEVが少ないように感じられた。小型車のシェアが高い地域であり、そこにアピールする狙いもあっただろう。

EX30の価格は3万6000ユーロ（約540万円）から。ボルボのEVとしては最も安い価格に抑え、EV比率の拡大に弾みをつける考えだ。ジム・ローワンCEOはこの発表会で、「多目的スポーツ車（SUV）のEVを、エンジン搭載車と同等の価格で購入できる」と強調した。年内には世界でEX30の納車を始める予定だ。

ボルボ経営陣はコスト削減の詳細について語らなかったが、ポイントの1つと見られるのが親会社、中国・浙江吉利控股集団との関係だ。「SEA」と呼ばれるEX30の車台(プラットホーム)は、吉利が開発したものだ。吉利は既にSEAを使ったEVを発売しているため、量産規模の拡大に伴うコスト削減効果が得られるだろう。

また、搭載するリチウムイオン電池の選択も工夫した。EX30ではリン酸鉄系(LFP)と3元系(NMC)の2種類の電池を中国で調達する。ニッケルやコバルトなどの高価な希少金属を使わないLFPを採用して基本モデルの価格を抑え、高価だが充電容量が大きくなるNMCも用意して航続距離を求めるユーザーの要望に応える。

## 「できない」を「できる」に

ボルボはEVでサステナビリティーの実現にこだわっている。これまで自動車業界では性能やコストを優先し、〝ついでに〟サステナビリティーを追求する傾向があった。だが、ボルボはサステナビリティーの優先度は高いと主張する。グローバル・サステナビリティー部門の責任者であるアンダース・カーバーグ氏はEX30について、「開発の初日から全てに関わった」と振り返る。

EX30は従来のEVに比べ、製造から20万キロメートル走行までの累積CO2排出量を25％削減できるようにした。要因の1つは小型化だ。従来に比べ素材の使用量が減るほか、駆動に必要なエネルギーも減る。

もう1つの要因は、リサイクル素材の活用だ。ＥＸ３０に使用するアルミニウムのうち約25％、スチールのうち約17％にリサイクル材を利用した。カーバーグ氏は「中国のサプライヤーにリサイクル材の利用を要望すると、最初は『できない』という返答だった。だが、しつこく要請を続けた。それでサプライヤーの検討が進み、６カ月後には『できる』と答えてきた」と明かす。

ボルボがここまでサステナビリティーにこだわるのは、若い世代の顧客を意識しているからだ。１９９０年代以降に生まれたＺ世代なども重要な顧客層と見る。そうした顧客の目線に立てば、サステナビリティーが商品競争力を左右する要素になると考えている。

INTERVIEW

# IT出身のボルボCEOが鳴らす自動車業界への警鐘

ボルボ・カーCEO

## ジム・ローワン氏

カナダのブラックベリーなどで約20年以上、製品開発やサプライチェーン（供給網）構築に従事。2017年に英家電大手ダイソンのCEOに就任し、EVプロジェクトを推進した。22年3月より現職ボルボのジム・ローワンCEOには、1年ほどの間に3回インタビューする機会を得た。就任から間もない2022年6月の初回こそ話の内容がやや抽象的だったが、23年2月および6月の2回目と3回目は、テック業界の構造転換と照らし合わせながら自動車業界に警鐘を鳴らすなど、より踏み込んだ話になった。異業種の出身者だからこそ見えるEVシフトの本質とは何か。総集編でお届けする。

**——IT（情報技術）業界出身のローワンCEOから見て、今後の自動車業界ではどんなことが重要になっていくと思いますか。**

私は技術畑出身で、ブラックベリーやダイソンの家電部門などに所属してきました。自動車業界とテック業界の大きな違いは、設計して市場に出す方法だと思います。自動車業界を理解し始めた時にとても驚いたのは、いかに多くの技術がティア1のサプライヤーに外注されているかということでした。そうしたサプライヤーから電子制御ユニット（ECU）などを購入して、それらを組み合わせているのです。

それこそが、私たちがコアコンピューター・アーキテクチャー（車内の主要機能を管理するコンピューターを中核とするシステム構造）へと移行している理由であり、ソフトウエアを動かす半導体をさらにコントロールできるようになりたいと考える理由でもあります。クアルコムやエヌビディアなどの企業から半導体を購入していますが、その技術やチップへの書き込み方法、レーダー、ブレーキなど、車の機能をコントロールする全てのソフトウエアを深く理解したいと考えています。ソフトウエアと半導体は未来を大きく変える要素であり、それを理解していない自動車メーカーの先行きはかなり厳しいでしょう。

**――ボルボはグーグルやアップルといったテック企業と提携しています。そうした大企業と組む中で、ボルボのブランドの独自性をどのように保つのですか。**

それは、私がボルボで働き始めてから多くの時間を費やしてきたことです。何を自社で製造し、何を市場から購入するのかという決断に関しては規定をつくり、それに沿うようにしてきました。インフォテインメント（情報と娯楽）システムの基盤として採用したクアルコムのプロセッサーは、多くのスマートフォンで使われている非常に優れたものです。

そして、コアコンピューターの分野では計算能力の面でエヌビディアが業界をけん引する存在だと見られています。こうしたチップセットを自社で開発する必要はないというのがボルボの判断です。それが良い投資になるとは考えていません。

私たちが投資に力を入れたいのは、電気駆動システムです。自社でモーターやインバーター、電池、ソフトウエアを開発します。インバーターなどを構成する内部の部品について、新しい素材を検討することもあります。例えばパワー半導体の材料をＳｉＣ（炭化ケイ素）などにすれば、インタバーターの性能を高められます。そうした価値を生み出せる分野に重点的に投資しています。

## 違いを生み出す技術に焦点

アップルも同じことをしてきました。自社で開発するものと、外注するものを見極めていたのです。初期のアップルはチップセットを外注していましたが、現在は自社で開発しています。ボルボも、違いを生み出すと信じている技術に焦点を当てる一方、業界でより普及していて安いものは外注します。

単に高度な技術でなく、車をより安全にする技術や、より高い利便性を顧客に提供する技術が大事です。サステナブルな素材と製造方法の選択も重要でしょう。顧客は真にサステナブルかどうかを見極めて選択しているからです。そして、北欧のデザインも重要です。

**――電池に関しては、どんな投資計画がありますか。**

最初の電池工場はスウェーデンに造ります。自社製造でコストを削減できるだけでなく、アジアからの電池の輸送で発生する大量のCO2も減らせます。(スウェーデンの新興電池メーカーである)ノースボルトとは研究開発の合弁会社をつくり、生産と技術という2つの側面で提携しています。

そして、サプライヤーによる電池も使用します。100%を自社の電池にするわけではありません。ノースボルトの電池を中国に輸送するのではなく、中国内の企業とのパートナーシップを維持して、彼らの電池を使うことになるでしょう。4社の異なる電池サプライヤーと提携していますが、そのほとんどと関係を継続することになると思います。

**――電池材料の調達ではどのような手を打っていますか。**

公には発表していませんが、世界の採掘大手と仲介を通さず、直に契約を結びました。地中から原材料を掘り出す業者との関係構築はコストの削減につながります。また、サプライチェーンの状況によらずにその素材を確保できる利点もあります。

**――高級な車種はEVシフトに伴うコストを価格に反映しやすいかもしれませんが、大衆向けのEVは価格転嫁が難しいのが現状です。**

モバイル業界でフィーチャーフォン(従来型携帯電話)からスマートフォンへの転換が起こ

った時、私はその中心にいました。ノキアやモトローラ、ソニー・エリクソンなどが他のメーカーに地位を奪われることなど、それまでは考えられないことでした。

## スマホへの転換の主役はソフトだった

スマホへの転換で主役となったのは、ハードウエアではありません。iOSとアンドロイドという2つのソフトウエアのプラットフォームでした。スマホへの転換のような大きな変化が現在、自動車業界でも起きていると考えると、最も重要なのはソフトウエアと半導体でしょう。

大事なのは、こうした転換はスピードが急激に上がることです。変曲点に到達すると、業界全体が新技術に突然傾倒するようになるのです。

私はエンジニアなので、その現象を物理的、エンジニア的な観点から考えます。まず、内燃エンジンのエネルギー利用効率は35〜38%とされます。6割強のエネルギーが音や振動、熱として表れるわけです。一方、駆動用モーターの効率は93%です。モーターの場合は実際に使う前の発電や電力変換などで失われるエネルギーもあるので直接の比較は難しいのですが、最終的にはモーターがエンジンに勝ると私は考えています。

ただ、そうした変化を遅らせる理由がいくつかあります。それを私は「摩擦因子」と呼んでいます。摩擦因子を無視できる状態になるのが、先ほど言った変曲点なのです。

## ――EVシフトでは何が摩擦因子となるのでしょうか。

1つは、電池と内燃機関のコストの差です。これは今後小さくなり、25年までにエンジン車とEVのコストは等しくなると思います。そして、より多くの人がEV技術に投資をするようになります。電池に関する化学的な知見がさらに深まれば、航続距離が長くなったり、載せる電池が減ったりします。すると、EVがエンジン車よりも安い時代がやってきます。

もう1つの摩擦因子は航続距離です。1回の充電でどれだけの距離を走れるか。航続距離はインフラに密接に関わってきます。同じ距離を走れるガソリン車とEVがあったとき、多くの人はガソリン車の方が使いやすいと感じるでしょう。ガソリンスタンドならすぐに見つかると知っているからです。適切な充電インフラがあれば、消費者はもっと気楽にEVを使えるようになります。街中に100カ所も充電場所があれば、膨大な容量のバッテリーが必要だとは感じないでしょう。

そして最後に充電速度です。私たちは800ボルトのシステムへの移行を進めています。

そうすれば180キロメートル走行できるだけの充電が約7～8分で完了するようになります。これが標準となっていくでしょう。

ボルボは早くから投資をしてきたので、変曲点を迎えたときには良い立ち位置にいられるはずです。大手メーカーの中には、待ちの姿勢で「今あるエンジン車の資産を最大限生かし続けよう。市場が変わるまで待って、変わったらすぐに新技術に乗り出すんだ」と考えているところもあります。でも、いざその時が来たら、遅すぎるかもしれません。

## 自動車全体のOSは実現が難しい

**——スマホ業界では、グーグルとアップルが市場をコントロールする存在になりました。自動車業界でもそのようなことが起こると思いますか。**

スマホでは1つのソフトウエアプラットフォームが端末全体を制御していますが、自動車に総合的なOSを入れ込むのはスマホよりずっと複雑で難しいという違いがあります。自動車の走行や安全に関わるソフトウエアで主導権を握るのは自動車メーカーです。

自動車の操作と動きの開発について、私たちは100年の歴史を持ち、深い知識を持っています。では、ボルボのソフトウエアで制御する車の操作や動きはどうなのか。より快適なのか。そこに価値が生まれるわけです。

「セーフティー・クリティカル・ソフトウエア」とでも呼びましょうか。スマホであれば、動かなくなったり再起動が必要になったりした場合、命に関わることはなく、不便な思いをするだけで済むかもしれません。ですが、自動車の走行に関わる部分はそうはいきません。安全性の担保は自動車では不可欠な要素です。

**――EVに参入した自動車メーカーは、電池のコストが原因で利益を損なうかもしれません。EVの価格をエンジン車よりも高くする考えはありますか。**

現在ボルボが製造している車は、エンジン車でもHVもEVでも、同じ価格にしています。25年までにコストのベースは同じになるようにします。

100年前、駆動システムは蒸気機関でした。その後内燃機関が出てきて、エンジン車ができました。内燃機関と比較すると、蒸気機関は非常に効率が悪かった。人々はすぐに内燃機関に移行しました。当然、内燃機関のシステムでも様々な素材や構造などで大幅な改善が行われてきました。そして、次世代のシステムが電気なのです。

私たちはある技術から違う技術へと移行する重大な転換のさなかにいます。確かに現時点では、電気駆動システムのコストは高いかもしれません。それはまだ世界の車の5%にしか使われていないからです。より多く活用されて大量生産され改善も進めば、EVのコストは下がります。エンジン車を買う人が減り、エンジン車のコストは上がります。

IT業界出身の私の経験をもう少しお話ししましょう。最初にノートパソコンが世に出た時は、大変高価なものでした。当時は、持ち歩けるパソコンがどうしても必要な人のみを対象とした製品でした。

それが、今では誰もがノートパソコンを持っていますね。デスクトップパソコンを見かけることがめっきり少なくなりました。初期のノートパソコンには「電池が持たないから電源につないだまま使わなくてはならない」という不満の声がありましたが、それも技術開発が進み、充電せずに1~2日使えるようになった。摩擦因子がなくなったわけです。

車も同じです。EVの普及における摩擦因子は、ノートパソコンの時と同じように少しずつ解決に向かっています。それらの問題が解決されれば、誰もがEVを使うようになります。

そもそも考えてみてください。今から6年後の29年に、古い技術(エンジン車)に数万ドルも払いますか? どうせなら最新の技術を搭載したものを買いたいと思いますよね。その方が将来売るときの残存価値も大幅に高くなるはずです。

# メルセデス、小型車廃止で「超」高級車へ

ボルボと同様にEV専業宣言をしているのがメルセデス・ベンツグループだ。2030年に全ての新車販売をEVにすることを21年7月に宣言した。ただし、「市場環境が許せば」という条件をつけている。

メルセデスは既にほとんどのセグメントでEVを発売している。22年12月期は「EQ」シリーズのエントリーモデルである「EQA」や「EQB」が好調で、前の期に比べて2・2倍となる11万7500台のEVを世界で販売した。

その中で打ち出したのが超高級車路線だ。22年5月に「欲望の経済学」と題したイベントを開催したメルセデスは、収益性の低い小型車から撤退し、最高級セグメントに注力するラグジュアリー戦略を発表した。オラ・ケレニウスCEOは「利益を重視し、量を追わない」と強調した。

メルセデス・ベンツは21年9月の独ミュンヘン国際自動車ショーで新型EV「EQE」を発表した
（写真：Mari Kusakari）

既にその方針は具体的な動きとして表れている。新型コロナウイルスの感染拡大やウクライナ戦争により半導体の調達が滞った際には、高級車の生産と販売を優先した。結果として販売台数は減らしたものの、1台当たりの純利益は増加。22年12月期通期の純利益は、前の期比34％増の148億ユーロ（約2兆2200億円）だった。世界屈指の高収益メーカーになっている。

ボルボとの共通項の1つが、21年11月に英グラスゴーで開催された第26回国連気候変動枠組み条約締約国会議（COP26）に企業トップが参加した点だ。COP26では、主要市場で35年まで、世界で40年までに新車販売を全て「CO2を排出しない車」（ZEV）にするという宣言を採択した。メルセデスはケレニウスCEOがわざわざ会場を訪れ、宣言に署名した。

メルセデスは、39年までにサプライヤーを含めてカーボンニュートラル（温暖化ガス排出実質ゼロ）を達成する目標を掲げる。既に多くのサプライヤーが目標達成に向けてメルセデスと合意している。

こうした活動を通じて、メルセデスはサステナビリティーに熱心な企業というブランドをつくろうとしている。ライバルである独BMWはEVシフトを進めているが、メルセデスのような「EVオンリー」という戦略は取っていない。大胆なEV戦略を進めることで、いち早くEVの高級車市場で覇権を握ろうとする意図が垣間見える。

INTERVIEW

# メルセデスは2025年までにエンジン投資ほぼゼロに

メルセデス・ベンツグループ CTO（最高技術責任者）

## マーカス・シェーファー氏

1965年ドイツ生まれ。90年に当時のダイムラー・ベンツに研修生として入社。2013年、メルセデス・ベンツの製造技術担当バイスプレジデントなどを経て、21年から現職

（写真：Mari Kusakari）

「市場環境が許せば2030年に全ての新車販売をEVに切り替える」と21年7月に宣言したメルセデス・ベンツグループ。早くからEVを積極的に投入してきた同社には、どのような勝算があるのか。CTO（最高技術責任者）を務めるマーカス・シェーファー氏に話を聞いた。

**――メルセデスは以前、30年までに新車販売の「半分」をEVにする目標を発表していました。これを21年7月に30年までに新車販売「全て」をEVにするという目標に変えたのはなぜですか。**

私たちは「アンビジョン2039」と呼ぶ戦略で、39年までに全ての新製品でカーボンニュートラルを達成するという大きな目標を掲げています。EVの新製品を展開していく中で、規制にせかされたくないと考えたのです。私たちは人々が好み、買ってくれるEVを造れます。従来のエンジン車と変わりない、大変魅力的なEVです。コストを下げられる見込みもある。

そこで、30年には状況が許す限り全ての市場でEVを100%展開していくことを目標としました。25年には全ての車種で電動モデルを選べるようにします。

**――燃焼エンジンの開発と生産をやめ、EVに特化することへのためらいはありませんか。経営陣の中でどのような議論があったのでしょうか。**

経営陣全員がEVに移行する戦略を支持し、同意しました。電池を搭載するピュアなEV以外の選択肢はありません。グリーンエネルギーを推進するためにはEVが最も効果的な解決策であると全員が納得しています。

乗用車においては、経営陣の誰もがEVへの移行に同じ意見を持っており、エンジニアとも合意しました。エンジンに携わっていたエンジニアでさえ、この転換を成功させる方法は1つだと理解しています。

これは大きな変化です。乗用車用のエンジンに携わってきた従業員約2万5000人に影響します。様々な工場にいる従業員や労働組合など、多くの人と共に変化を起こしていくのが私たちのやり方です。

## EVでも利幅を維持する

**――EVの販売が増えて売り上げが増加しても、コストの増加で利益が減るかもしれません。今後どのように利益を増やしていくのでしょうか。**

30年までにEVを100%にするという戦略を発表した際に、利幅を維持していくという大変重要な点に触れました。EV専業になってもマージンを維持することが目標です。EVのパワートレーンのコストはエンジン車よりも高いので、コスト削減により力を入れなくてはなりません。

固定費を大幅に削減し、投資も減らします。エンジンには大きな投資をしてきましたが、そこへの投資を段階的に減らし、25年までにほぼゼロにします。

**――今後のEVのコストをどのように見ていますか。**

26～27年ごろまでは、EVのパワートレーンのコストはエンジン車よりも高いままでしょう。すぐにコストが同等になるとは思えません。どうしても時間がかかります。ただし、エネルギーコストや維持コストなど多くの要素を含めた総所有コストを考えれば、計算は違ってきます。それで比較すれば同等になるかもしれません。

**――EVへの移行でビジネスモデルも変えていくのでしょうか。**

「MB・OS」という独自のソフトウエア開発に取り組んでいます。スマートホームや世界中のあらゆる接続可能なデバイスを、車と接続できるようにするものです。24年までに

MBOSを搭載した最初の車を造る予定です。

顧客と、車と、外の世界との完全なつながりを実現します。あらゆるデータを収集するメルセデスのクラウドサービスともつながります。これによって顧客に車を販売して私たちの手を離れた後も、新しい商品やサービスをつくって販売できます。1回払いの商品や継続課金型のサービスが考えられるでしょう。こうしたデジタルサービスで25年までに10億ユーロ（1500億円）の売り上げを達成することを目指しています。

ナビやエンターテインメント、ショッピングなどに関連するサービスもできますし、車の物理的な機能に関連するサービスも考えられます。例えば、自動運転機能を定期課金型のサービスとして提供したり、後から高度な安全機能を販売したりできます。オーバー・ジ・エア（OTA）で有効化できる機能については、数え切れないほどのアイデアがあります。

## 企業文化も変える

**――自動車業界では多くの企業が新たにソフトウエアエンジニアを雇おうとしています。メルセデスはどのように対応していきますか。**

メルセデスには既に多くのソフトウエアエンジニアがいますが、将来的に必ず不足します。その時に追加で雇用するためにも、ソフトウエアエンジニアにとって魅力的な企業であり続けなければなりません。

福利厚生制度や柔軟な就業時間など、様々なところを変える必要も出てきています。なぜならソフトウエアのエンジニアは、機械系のエンジニアとは違った働き方を好むかもしれないからです。プログラミングをするなら夜や週末の方が働きやすいという人もいるかもしれません。

労働組合や契約など、ソフトウエアエンジニアが魅力的だと思う場所として、他社と張り合えるようにしていきたいです。労働環境も大幅に変更しており、オープンなオフィスを導入しました。他のＩＴ企業とも競わなければなりません。

# 第 7 章

# フェラーリとポルシェ
# 半端では
# 生きられぬエンジン

$CO_2$問題の本質は、エンジンそのものではなく、エンジンに使う燃料だ

——独ポルシェ
ミヒャエル・シュタイナー
技術開発担当取締役

昼夜ぶっ続けで24時間響き渡ったエンジン音に替わり、人々の歓声があふれかえった。

２０２３年6月11日にフランス・ルマンで開催された「ルマン24時間耐久レース」だ。全長13キロメートル超のコースを24時間で何周走行できるかを競うもので、世界3大自動車レースの1つに数えられる。

今回のルマンで最高峰カテゴリー「ハイパーカークラス」の総合優勝を果たしたのはイタリアのフェラーリ。24時間にわたる走行を終えてフェラーリ51号車がゴールすると、サーキットは熱狂に包まれた。コースに関係者やファンなどがなだれ込み、興奮した人々が握手をしたり、抱き合ったりしていた。

熱狂するのも無理はない。今回は１９２３年に第1回が開催されてから１００周年となる記念大会だ。フェラーリのベネデット・ビーニャＣＥＯ（最高経営責任者）やトヨタ自動車の豊田章男会長、欧州ステランティスのカルロス・タバレスＣＥＯなど、多くの自動車メーカー首脳も集結していた。

ルマンの歴史は、自動車技術の進化の歴史でもある。戦前から何十年もかけてスピードや耐久性の向上を重ね、２０００年代以降はディーゼル車が登場。10年代からはハイブリッド車（ＨＶ）が主役になっていく。24時間走行し続けるレースでは、燃費が良ければ給油

23年のルマン24時間耐久レースの優勝に沸くフェラーリのチーム

のためにピットに入る回数を少なくできるため、その分走行距離を伸ばしやすい。22年までトヨタ自動車が最高峰クラスで5連覇してきたのも、こうした技術進化とは無縁ではないだろう。

電気自動車（EV）シフトが急速に進む中で、全ての自動車がEVになるわけではないという現実も見えてきた。ただし、EV市場が拡大することで、エンジン車の市場は縮小していくのも確実だ。自動車技術の開発のけん引役となってきたルマンや自動車レースは今後どうなっていくのか。そして、エンジン車はどのように変わっていくのか。

# 100周年のルマン「EVはいらない」

ルマン24時間耐久レースは、最大級のエンジン車の祭典とも言える。その名物の一つが、豪快なエンジン音だ。24時間を通して「フューン、フューン」とエンジン音が響き渡っており、会場の近くに泊まればそのエンジン音の中で眠りにつくことになる。

観戦に訪れたファンたちは、自動車のパワートレーンの未来をどのように捉えているのだろうか。何人かに聞いてみた。

50代のフランス人であるミッシェル・ピティットさんは、フランス南部でスペインの国境近くのバイヨンヌから車でルマンまで走ってきた。2006年から毎年観戦に来ているという。愛車は独アウディの「A3」だ。

フランスでもEVの販売が伸びており、アウディはEVのラインアップを充実させている。ピティットさんに「EVはどう?」と聞いてみると、即座に「ノー!」と答え、様々

フランス南部のバイヨンヌからルマン24時間耐久レースの観戦に訪れたピティットさん

な理由を挙げた。「価格が高いのもあるけど、最大の課題は航続距離の短さだよね。私の家の近くには充電ステーションが少ないから不便だ。ＥＶに乗っていたら、充電に困ってルマンに来られなかったかもしれない」

ルマン出身の20代のロレンゾさんに聞くと、こちらも「ＥＶは眼中にない」と即答した。ロレンゾさんはルマンで両親が結婚し、子供の頃からルマン24時間耐久レースに通っているという。「エンジンの音が好きだから、やっぱりエンジン車を買いたい」と話す。

他にも数人に聞いたが、いずれもエンジン車が好きで、ＥＶの購入は選択肢にないという答えだった。実際、会場周辺ではほとんどＥＶを見かけなかった。そうした来場者の好みを反映しているのか、レース会場に設けられた展示スペースに自動車メーカーが出展しているのは、スポーツタイプや大型のエンジン車がほとんどだった。

欧州連合（EU）が原則として35年にエンジン車の販売を禁止することについては、「eフューエルでなんとかなるのでは」という反応があった。第4章で解説したように、EUはeフューエルを使うエンジン車であれば35年以降も販売を認めると決めた。eフューエルは再生可能エネルギーを活用してCO2と水素でつくった合成燃料であり、CO2排出量は実質ゼロと見なされる。eフューエルの製造コストの高さという課題はあるが、エンジン車特有の音や振動などに愛着を持つ消費者からの期待は大きい。

そんな中でも独フォルクスワーゲン（VW）傘下のアウディとポルシェは会場内の展示スペースでEVに特化してアピールしていた。ポルシェはEVのスーパーカー「ミッションX」を公開。900ボルトの高電圧を採用し、充電時間を大幅に縮めるという。

## レースに水素カテゴリーを新設へ

自動車技術の進化をけん引してきた自動車レースだが、今はCO2削減を目指すのがトレンドになっている。

ルマンでは仏トタルエナジーズがCO2排出量の少ない合成燃料をチームに提供している。ブドウの搾りかすから生産したものだ。ルマンを何度も取材しているモータージャーナリストの島下泰久氏は、「以前は1日中コース近くにいると排ガスで息苦しくなる感じもあったが、今は合成燃料のためかそれが改善されている」と指摘する。

自動車レースの最高峰といわれるフォーミュラ・ワン（F1）でも、26年からパワーユニットの最高出力に対する電動モーターの比率を高めると同時に、合成燃料などカーボンニュートラル燃料を使うことになりそうだ。

今後のルマンで注目されているのが水素だ。ルマンの主催団体であるフランス西部自動車クラブ（ACO）は、26年から水素のカテゴリーをつくることを検討している。最初は燃料電池車（FCV）を念頭に置いていたが、ACOのピエール・フィヨン会長は、トヨタが力を入れる水素エンジン車も対象に加えることを明らかにした。

トヨタは6月9日、ルマンで水素エンジンを採用したレーシングカーを公開。豊田章男会長はルマンが設ける水素カテゴリーへの参加を見据えていると説明し、「ライバルメーカーにも水素をおすすめしたい」と呼びかけた。トヨタは21年5月に日本の富士スピードウェイで開催された24時間耐久レースで水素エンジンのカローラを完走させるなど、水素エンジン車でのレースの実績がある。トヨタが披露した「未来のレーシングカー」は、多くの

トヨタ自動車はルマン24時間レースの会場で、水素エンジンを採用したレーシングカーを公開した

来場者の注目の的となっていた。

トヨタは22年までルマン24時間で5連覇をなし遂げたが、この間は主要なライバルが出場していなかった。今回は主催者がハイパーカークラスへの参加要件を緩和し、多くのメーカーが参加。トヨタの他にフェラーリやポルシェ、米キャデラック、仏プジョーなどが参加し、7メーカー(ブランド)の計16台が競うことになった。世界耐久選手権(WEC)の第4戦と位置付けられたこのレースは、第3戦までのチームランキングで首位を走るトヨタに他のメーカーが挑む構図だった。

現地で10日にスタートしたレースは、ハイブリッド技術で圧倒的な強みを持つトヨタと、自動車レースを会社の競争力の源泉とするフエラーリとの一騎打ちの様相になった。レースは終盤までもつれ、最後はフェラーリが逃げ切り、50年ぶりの出場で10回目の優勝を飾った。

## 直前の「性能調整」の意味

このレースは、開催の10日前になってWECの主催者が新たな性能調整を発表したことでも話題を呼んだ。性能調整とは、出場するレーシングカーの性能やコースの特性などに応じて、最低重量や最大出力などを車両ごとに調整すること。第4戦のルマンまでは確定していたはずだったが、最低重量をトヨタ車は37キログラム、フェラーリ車は24キログラム、それぞれ引き上げることになった。

一般に、自動車レースは車両が重いほどタイムを出すのが難しくなる。直前の変更は、レースに向けた様々な想定をフイにしてしまう影響もある。このレース単体で言えば、直前の性能調整がトヨタにとって不利に働いた側面はあるだろう。

ただし、レースが終盤までもつれて盛り上がったという意味では、主催者側の動きは成功だったといえる。「どこに目的があるか」。WECの主催者にとっては、興行を成功させるために熱戦を演出するのが目的だったのだろう。それを実現するためには「前言撤回」も辞さない。

想起されるのは、35年以降の新車販売の規制をめぐる欧州委員会の対応だ。カーボンニュートラルという目標の下、ある時期からEV以外は認めないとしていた。ところが、企業や各国政府からの強い要請を受けてエンジン車を認める方針に転換した――。そんな立ち回りをしたのも、「欧州の産業の強化」という目的があるからだろう。

「ルールで決まっているから」「論理的に考えれば」といった〝正論〟だけでは通用しない世界がある。EVシフトによる自動車業界の構造転換は、国や企業がなりふり構わずに競うほどのインパクトを秘めている。

# フェラーリが守り抜く「魂のエンジン」

「跳ね馬」のエンブレムで知られる高級車メーカー、イタリアのフェラーリ。エンジンに強みを持ち、ルマン24時間耐久レースで優勝したように自動車レースの常連でもある。そのフェラーリが、EVの開発を進めているという。戦略を探るべく、2022年6月、イタリア・マラネッロにある本社を訪れた。

フェラーリが本社で開いた投資家向け説明会に登壇したベネデット・ビーニャCEOは、フェラーリの業績と将来像を自信たっぷりに語った。当時説明した21年12月期決算は、売上高が前期比23%増の42億7100万ユーロ（約6400億円）で、営業利益に相当するEBIT（利払い・税引き前利益）は前期比5割増の10億7500万ユーロ、売上高EBIT比率は25%だった。自動車業界の中でも屈指の高収益企業といえる。さらに、今後についても強気の見通しを示した。26年には売上高EBIT比率を27～30%まで高めるという。

フェラーリは22年6月16日、イタリア・マラネッロの本社で投資家向け説明会を開催した

実際、22年12月期も25％と高水準を維持している。

フェラーリは初のＥＶを25年に発売することを以前から明言してきたが、その説明会では今後のＥＶ戦略の詳細を説明した。26年までに新車販売の6割をＥＶとＨＶ、4割をエンジン車（モーター駆動の機能がないもの）とする。さらに30年までにはＥＶを4割、ＨＶを4割、エンジン車を2割にする目標を打ち出した。

そのためにマラネッロの本社にＥＶ専用施設を建設する。21年9月に就任したビーニャＣＥＯは、「新たなバッテリーやインバーターなどを〝手作り〟する施設になる」と語った。

## エンジンに生産者の名前を刻む

エンジンは自動車の魂である——。1947年にフェラーリを創業した故エンツォ・フェラーリ氏が遺《のこ》した言葉だ。自他共に認める、エンジンに注力する会社だ。投資家向け説明会が始まる前に繰り返し流れた同社のイメージビデオには、特徴的なエンジン音を響かせながら走り去るフェラーリ車の様子を自分の声で模擬する従業員の姿もあった。

本社工場もエンジン開発にルーツを持つだけに、エンジンの製造現場が目立つ。建物に入ると、エンジン製造に必要なオイルの匂いが漂い、エンジンブロックやシリンダーが整然と並べられているのが目に入る。建物の中央部には植物に覆われたスペースがあり、働く人たちに潤いを与えている。

フェラーリは高級車をこの工場で生産し、世界中に供給している。工作機械が生産を担う部分はあるが、今でも多くの人手を用いながらエンジンを生産している。一つひとつを機械だけでなく目視でも点検しながら作り込み、エンジンに製造担当者の名前を刻むこともあるという。プラグインハイブリッド車（ＰＨＶ）向けに電池などを積み込む工程もある

植物を置くスペースもあるフェラーリの工場

が、工場全体の中ではエンジンの存在感が大きい。

　従業員のユニホームの背中には、石油大手の英シェルの企業ロゴが入っている。フェラーリとシェルは強いパートナーシップで結ばれており、その象徴がモータースポーツの最高峰であるＦ１だ。Ｆ１に参戦し続けてきたフェラーリに、シェルは燃料とオイルを提供している。

　フェラーリでは自動車レースへの意識が生産現場まで浸透しており、工場の各所には「ポールポジション」や「ピットストップ」などレース用語が使われている。工場の近くには歴代のフェラーリのＦ１マシンが保管されている施設があり、名ドライバーのミハエル・シューマッハ氏が乗ったマシンも展示されていた。
工場内のあちこちから、フェラーリのブランドに対する強い意識が浮かび上がってくる。組み立てラインの床はコーポレートカラーである赤色に塗られている。また部品の収納棚一つひとつにも企業ロゴの跳ね馬が刻印されている。

手作業で手間をかけながら作り込むため、1日当たりの平均生産台数は約40台だという。生産は基本的に受注生産で、クルマごとに顧客情報も管理されている。ラインオフした完成車が建物の外に走り出して行ったので聞いてみると、工場内のテストコースで様々な調整や確認をするという。

本社工場には、ユーザーのクルマを修理するための施設もある。既に生産が終わったモデルの部品も備えており、1台ずつ丹念に修理をしていく。壁には世界の著名レース場のコースをかたどったデザイン画が掲げられていた。

圧巻なのは、クルマの情報とその管理だ。1台ごとにオーナー名や設計図、部品などを記した資料を紙のファイルで保管している。いくつかの資料を見せてもらったが、丁寧に保管しているため保存状態は良く、1947年12月31日に記入された書類もあった。筆者がそれを見つけると、担当者は「当時は今より休みが少なかったのかしら」と言って笑った。

## 「今はスリルを感じられるEVがない」

フェラーリのジョン・エルカン会長は「電動化により、さらなる独自性を発揮できる」と語る。ただ、フェラーリのようにエンジン車を主力としてきたメーカーには、従来のブランドイメージをどのように守り、磨くか、という難しさがある。

EVでどのように「フェラーリらしさ」を出していくのか。製品開発部門トップのジャンマリア・フルゲンツィ氏は、「フェラーリのEVはユニークなデザインとパフォーマンス、ドライビングスリルを体験できるものになる。今は運転する時にスリルを感じられるようなEVがない」と言い切った。

フェラーリのエンジン音に魅せられた愛好家は多い。フルゲンツィ氏は、「EVでもフェラーリらしさは体現できる。エンジン音もモデルによって異なるので、EVならではの音も気に入ってもらえるはず」と話す。

INTERVIEW

# 水素エンジン開発も フェラーリCEOが語る転換

フェラーリ CEO

## ベネデット・ビーニャ氏

1995年、スイスの半導体大手STマイクロエレクトロニクスに入社。2016年から微小電子機械システム事業やセンサー事業などを統括するグループのプレジデントを務める。自動車産業向けのビジネスにも従事してきた。21年9月、フェラーリCEOに就任売上高に占める研究開発費の比率が高いフェラーリにとっては、エンジン車と同様にＥＶの開発費が膨らむと収益の圧迫要因になり得るという課題もある。ＥＶでどのようにフェラーリらしさを出し、今の利益水準を維持、もしくは高めていくのか。「ＥＶシフトの谷」をどう乗り越えるのかをフェラーリ本社でビーニャＣＥＯに聞いた。

**――まず、自動車業界で重要性の高まるソフトウエアと電動化についてお聞きします。ビーニャさんは長年、半導体産業に携わっていた実績がありますね。**

ほんの数年間です（笑）

**――いやいや、26年間ですよね（笑）。では、ＥＶにとってのソフトウエアの重要性をどのように考えているか聞かせてください。米テスラや中国メーカーは、ソフトウエアを非常に重視しています。**

私たちは、ＥＶ開発をソフトウエアの領域から始めました。自動車業界のトレンドは明らかです。自動運転、コネクテッド、カーシェアリング、電動化の４つです。電動化は非常に重要です。

そして、ユニークで違いのあるクルマを実現するために、ソフトウエアが重要になります。フェラーリ用のソフトウエアを、運転する人の意見を聞かずに開発する気はありません。顧客は、運転に関連する感情を味わいたいのです。運転しない人には、そうした感情が分かりませんからね。我々の顧客は、運転中に新聞を読んだり、インターネットで物を買ったりしたいわけではないでしょう。

10年ほど前から始まった電動化、デジタル化の動きにおいて、フェラーリは良い機会を得られる立場にいると思います。ＥＶとソフトウエアをフェラーリ独自の方法で開発していくというのが現時点の計画です。インフォテインメント（情報と娯楽）も同様の方法で開発していきます。

**──今後はＥＶとエンジン車はどのようなバランスになるのでしょうか。**

26年には40％がエンジン車、60％がＥＶとＨＶとなり、30年には20％をエンジン車、40％をＥＶ、40％をＨＶにするのが目標です。様々な種類の製品を提供し、顧客にベストなクルマを選んでもらいます。私たちが選ぶのではありません。

## 顧客の選択は予測できない

**――メーカーが将来のパワートレーンごとに比率を定めるのは難しいですよね。**

あえてこういう言い方をしますが、私には顧客の需要が予測できません。私たちができることは、選択肢を提供することです。3種類のパワートレーンを持つ製品を提供し続けることです。言えるのはそれだけです。

現在はEVの割合を増やそうとしています。さらに市場の需要が増えると分かっているので、より多くの設備投資を行います。この3種類の製品が結果的にどのような比率になるのかは、今後明らかになるでしょう。

**――フェラーリは30年までにカーボンニュートラルを達成することを目指しています。エンジン車でどのように達成するのでしょうか。新たな燃料を使うのでしょうか。**

我々は3つのアクションでカーボンニュートラルを達成していきます。1つ目は、物流や生産に関するCO2排出をゼロにすること。2つ目は、製品を電動化すること。3つ目は、リサイクルされた素材を使用し、カーボンフットプリント（製品のライフサイクル全体の

$CO_2$排出量）を減らすことです。

さらに、気候変動問題の解決に向けた取り組みも行います。外部企業と提携して$CO_2$削減のプロジェクトを進めます。またローカルな取り組みとして自社で植林を行い、排出した分の$CO_2$と相殺します。20年以内にeフューエルを使うことも視野に入れています。

**――会見では水素を燃料に使ったエンジンについて言及していました。水素エンジンのポテンシャルについて、どのように考えていますか。**

水素のエネルギー密度はガソリンのエネルギー密度よりもずっと高いため、理論としてはとても良いコンセプトです。ただ、水素を保管するため車内にスペースが必要となります。この10年では、フェラーリに水素が使われるようにはまだならないと思います。

その次の10年では、可能性はあるかもしれません。その10年で実現するために、今から始めないといけないのです。電動化に関しても同じようなプロセスがありました。10年以上前から電動化に取り組んだため、EVの開発に今、足を踏み入れられているのです。電動化に向けて開発を始めたのは13年前です。フェラーリにとってEVは、真新しいものではありません。

**――既に水素を用いるエンジンの開発を始めているのですか。**

はい、いくつかのパートナーと開発を始めています。ただ、水素エンジンは30年より前には登場しないでしょう。

**――エンジン車とEVの両方に投資すると、研究開発費や設備投資が膨らむのではないでしょうか。特にEVでは電気制御が増え、機能のアップデートなどソフトウエアの役割が増えるため、多くの企業がソフトウエア投資を強化しています。**

なぜ大きな投資が必要になるのでしょうか。ソフトウエアにおいては、大きな投資が必要なのは自動運転用とパフォーマンス用の2つです。

フェラーリでは、自動運転用ソフトウエアは必要ありません。パフォーマンス用のソフトウエアは持っています。（EV開発において）ゼロからスタートしたわけではなく、さらなるソフトウエアへの大きな投資は必要ないのです。

私たちが開発している（パフォーマンス用の）機能では、10年前からレース向けに開発してきたものを活用しています。今、オペレーティングシステムを開発しようとしている企業は、そのソフトウエア開発が必要になりますが、我々にはその必要がありません。

## 事業転換では規模が小さい方が有利

**――EV開発に関連して、新しいエンジニアが必要になりますか。**

開発のための技術を持った従業員も必要です。フェラーリにいるのは、工場で働く従業員だけではありません。半導体を扱う人やオペレーターなど、様々な職種の従業員が必要です。

フェラーリは大衆車ではなく、ラグジュアリー市場用のユニークな車を造る会社です。また、従業員を何万人も抱える企業ではないということも忘れてはいけません。事業転換の段階では、規模が小さい方が、難度が低いと思います。

イノベーションはフェラーリのDNAに組み込まれています。フェラーリでうまくいっていることが他の企業でうまくいくとは限りませんし、逆もしかりです。新聞に大きく掲載されている(自動車業界の)課題は、明らかにフェラーリではなく、他のメーカーに当てはまることでしょう。

INTERVIEW

# ポルシェ開発トップ「問題は燃料だ」

ポルシェ 研究開発担当取締役

## ミヒャエル・シュタイナー氏

独メルセデス・ベンツを経て、2002年に独ポルシェ入社。16年から現職。22年9月からフォルクスワーゲン(VW)グループのソフトウエア開発会社「カリアド」の取締役も務める

フェラーリと同様に、高級エンジン車への人気が高いのがポルシェだ。いち早くＥＶを開発して販売台数を伸ばしている一方、エンジンの開発も続ける方針だ。規模の小さな高級車メーカーが、どのようにＥＶとエンジン車の開発を進めていくのか。ミヒャエル・シュタイナー研究開発担当取締役に話を聞いた。

**――ＥＶ「タイカン」の販売が伸びています。ＥＶを開発した狙いは何でしょうか。**

タイカンの主な目標は、ポルシェでもＥＶがつくれることを証明し、真にサラブレッドなＥＶを生み出すことでした。市場と顧客が支持し、受け入れてくれたモデルだと感じています。当初は顧客も警戒していたかもしれませんが、もうそうではなくなりました。

**――ポルシェを代表するスポーツカー「９１１」とタイカンは、いずれも１０００万円を超える高級車で、モデルごとの価格帯は近くなっています。ＥＶは電池コストが高いので、ガソリン車のように利益を出すのは難しそうです。ＥＶが従来の車と同じ程度の利益を得るには、どのくらいの時間がかかりますか。**

どの製品も利益を得られるものでなければなりません。それは必須です。正確な数字は申し上げられませんが、タイカンでは既に利益を出しています。一方で、大まかに言えば、現時点ではほとんどのエンジン車の利幅は、まだＥＶより大きい状況です。ただ、この10年でその状況は変わります。

10年以内に電池セルのコストが下がり、利益率には変化が出てくると確信しています。ＥＵの新しい燃費規制とユーロ７（排ガス規制）の導入を待ち遠しく感じています。この規制により、エンジン車は（規制対応が必要になり）さらに高価になりますから。

ＰＨＶはエンジンに加えて電池が必要ですが、ＥＶ用の電池より小さくて済みます。ただ、そうした車でもエンジンから様々な種類のガスを排出します。ＥＶの利益率がＰＨＶと同じぐらいになるかは、排ガス規制に左右されるでしょう。将来的にＰＨＶの利益率がエンジン車と五分五分になることも、少なくとも私たちが考える限りでは、10年以内に起きると思います。

**――ポルシェはエンジン開発に対し、どのようなスタンスですか。**

私たちは、現在のものよりもずっと良いエンジンを開発しようとしています。ただし、開発で主に力を入れているのは、電動車です。開発センターでは、主力となる上級職たちは電動車事業を手掛けています。とはいえ、ハイブリッドモデルやエンジン車をさらに向上させるための経験豊富なエンジニアも在籍しています。

## 合成燃料は「1リットル2ドル」目指す

**――ポルシェはCO2と水素を化学的に合成した燃料（eフューエル）を開発しています。どのように実用化し、活用していくのでしょうか。**

eフューエルの先駆けと言えるような燃料を、21年から自動車レースで活用し始めました。提携先の米エクソンモービルが手掛けるレース用のエコ燃料で、バイオ廃棄物を原材料としたものです。

eフューエルは水素から合成します。その水素は、南米のパタゴニアで再生可能エネルギーを用いて生産します。パイロットプラントで製造したeフューエルも、まずは自動車レースで活用していきます。

生産規模を拡大する計画も立てています。エンジン車でも大幅にCO2排出量を減らす方法があることを示すのが狙いです。適切な燃料を使えば、CO2排出をゼロに近づけられます。CO2排出の問題の本質は、エンジンそのものではなく、エンジンに使う燃料なのです。eフューエルによって、エンジン車も環境に優しい製品になりうるのだということを示したいのです。

**――eフューエルのコストをどのように削減していきますか。**

長期的な目標は生産規模を拡大し、1リットル当たり2ドル程度までにコストを削減することです。これが目標です。当初は、コストはかなり高くなりますが、生産規模を増やせば1リットル当たり2ドル前後になるでしょう。

**――eフューエルは、排ガスにどのような影響を与えますか。**

現在の化石燃料と比べて、排出ガス全体の量で大きな違いはありません。主な違いは、CO2の排出量にあります。粒子やその他の排出物においては大幅な違いはないのです。eフューエルに何らかの利点はあるかもしれませんが、燃焼室で燃やされますからね。化石燃料と同程度の排ガス処理が必要になると考えています。

**――エンジンの愛好者が多いポルシェにとって、eフューエルは重要なものになりそうですね。**

ええ、私たちにとっても、ポルシェ製品のオーナーにとっても重要です。

ポルシェを代表する「911」シリーズでは、現役で使われている車がたくさんあります。911シリーズのオーナーが、今の車を使い続けながらカーボンニュートラルに近づけるようにすることも計画の一つです。新しい燃焼エンジンを搭載する車、既存の車、どちらであってもポルシェファンには重要な燃料です。

**――テスラがEV「モデルS」の性能を高め、イーロン・マスクCEOはツイッターで「ポルシェより速い」と発言しています。ポルシェにとってテスラはどのような存在ですか。**

競合がいるのは良いことです。テスラのことは好きですし、その技術向上を推し進める方法からは、インスピレーションをもらえます。

どうなるかは分かりませんが、私たちは自分たちができることに集中していきます。電動化に向かってパフォーマンス向上を目指す競合は、全て歓迎します。

**――テスラはEVのみに集中しています。ボルボなど一部のメーカーも、開発リソースをEVに集中させつつあります。エンジン開発を維持するのは開発リソースが分散し、弱みになりかねません。それについてはどう思いますか。**

まず、経験豊かなエンジニアを多く抱える開発センターを率いる立場として、そこに弱みがあるとは考えていません。私たちは約10年前に、電動車にシフトするための能力やキャパシティーを開発し始めました。

一例として、完全電動のフロントアクスルやハイブリッドスーパースポーツカーの「918」があります。その時点で、ポルシェには高電圧を活用する技術がありました。そしてEVのプロトタイプを造りました。

過去10年で、ポルシェは自社のリソースを徐々に電動車の方向に変えてきたのです。また、従業員の技術向上計画も大規模に実施しました。自社従業員を活用するための大規模プロジェクトで、多くのエンジニアを大学のオリジナルプログラムに参加させました。また、インターン開発プログラムや現場研修に取り組んだほか、外部からの専門家の雇用もしました。

電動車の主な開発者は、従来のエンジン車の開発部門出身の優秀なエンジニアたちです。時間はかかりますが、これは大変うまくいっています。最低でも10年前に始めなければなりませんでしたが、ポルシェの従業員と共にこの変化を先取りしてきたことを誇りに思っています。

# 第 8 章

# テスラとBYDの野望 電池と充電が生む新ビジネス

テスラはただの自動車会社ではない。エネルギーイノベーション会社だ

——米テスラ イーロン・マスクCEO

電気自動車（EV）シフトを進める欧州にとって、最大のボトルネックになっているのが電池だ。EVのコストの3～4割を占めるとされ、その価格や生産量はEV生産の動向を大きく左右する。欧州や中国、米国でEVの需要が高まったここ数年は、電池の供給が追い付いておらず、売り手優位の市場になっている。

その中で、存在感がとてつもなく大きくなっているのが中国電池メーカーだ。韓国SNEリサーチによると、車載電池の世界シェアで寧徳時代新能源科技（CATL）が37％、比亜迪（BYD）が13・6％を占める。2社だけで世界シェア5割を超える状況だ。技術力と共に巨額の投資が必要な電池ビジネスは規模の力が働きやすく、強い企業がさらに強くなって寡占化が進む可能性もある。

原料となる希少金属の奪い合い、世界を股に掛けた設備投資競争、各国政府が自国の産業を有利にするために打ち出す優遇策など、EVの電池をめぐる争いは絶えない。その一方で、電池や充電を起点とした新しいビジネスの創造など、大逆転のチャンスも秘めている。EV時代において、ピンチとチャンスが交錯する電池ビジネス。その現状と展望を見ていきたい。

## 勢い増す中国、政府主導で追う欧米

ＥＶ世界最大手の米テスラのほか、中国の上海汽車集団、独フォルクスワーゲン（ＶＷ）、米フォード・モーター、独ＢＭＷ、独メルセデス・ベンツ、トヨタ自動車、ホンダ……。こうしたそうそうたる面々を顧客に抱える世界トップの車載電池メーカー。それが中国のＣＡＴＬだ。世界の自動車大手がＣＡＴＬの顔色をうかがわざるを得ない状況にある。

ＣＡＴＬは売上高や利益が急拡大している。２０２２年12月期決算は、売上高が前の期比２・５倍の３２８５億元（約６兆５０００億円）、純利益が前の期比93％増の３０７億元（約６０００億円）だった。原材料の調達価格が上昇したものの、ＥＶ向けの販売増によって大幅な増益を達成した。２年前と比較すると、売上高は約６・５倍、純利益は約５・５倍に達する。ＥＶ市場急拡大の追い風に乗っている企業、その代表格がＣＡＴＬだ。

世界の車載電池シェア（2022年）

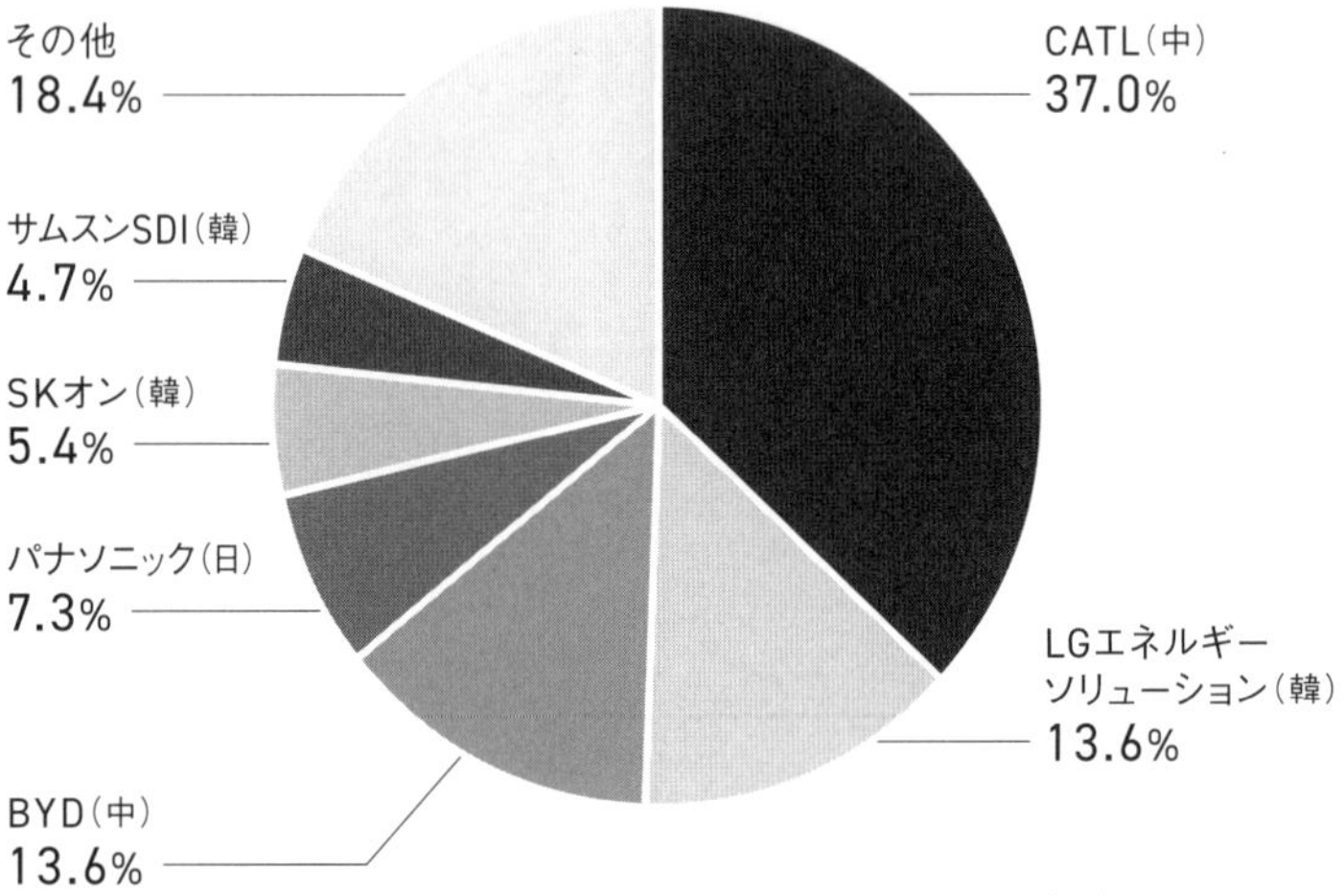


出所：SNEリサーチ

ＥＶ用電池の主要部材では、中国勢の存在感はさらに際立つ。矢野経済研究所によると、電池の主要４部材とされる「正極材」「負極材」「セパレーター」「電解液」の全てにおいて、21年の世界市場でのメーカー出荷数量のうち６〜８割を中国勢が占めた。各部材とも、前年比２倍のスピードで出荷量が拡大している。例えば黒鉛を使う負極材は、天然黒鉛が中国に偏在しており、中国勢が調達力を生かして上位を独占する。

中国の電池メーカーは規模だけではなく、技術力でも先を行こうとしている。ＥＶ用電池で主流のリチウムイオン電池は、リチウム、コバルト、マンガン、ニッケルなどのレアメタル（希少金属）を活用する。これらの金属は産地が偏っているため、調達リスクが大

CATLは欧州の展示会などでも事業や技術を説明している

きい。そのためこうした金属の使用量が少ない次世代電池の開発が急務になっている。

その有力な選択肢の1つとしてＣＡＴＬが提案するのは、レアメタルを利用しないナトリウムイオン電池。23年から中国・奇瑞汽車に供給し始めた。今のところナトリウムイオン電池はリチウムイオン電池より重量当たりのエネルギー容量が小さいものの、原料となる塩を調達しやすいため、調達リスクが小さい利点がある。

日本は、かねて電池を「お家芸」としてきた。リチウムイオン電池の開発で、後に吉野彰・旭化成名誉フェローがノーベル化学賞を受賞するなど、技術的な蓄積がある。テクノ・システム・リサーチの調査によれば、13年の車載用電池の世界シェアでは、パナソニックが37・4%で、日産自動車とNECグループが共同出資するオートモーティブエナジーサプライ（AESC）が20・1%と、日本の2社だけで5割を超えていた。

だが、日本の電池メーカーはその後の市場拡大に追従できなかった。韓国勢や中国勢は、もともと得意とする大規模投資に向けた素早い決断に加え、技術力の向上でも日本勢を突き放していった。22年の世界シェアではパナソニックが7・3%と持ちこたえるのみで、他の日本のメーカーは10位以内から姿を消した。

経済産業省が22年8月にまとめた蓄電池産業戦略では、「このままでは、全固体電池（筆者注：電解液を固体に変える新しい方式の電池で、世界の自動車メーカーや電池メーカーが実用化に取り組んでいる）の実用化に至る前に、日本企業は疲弊し、市場から撤退する可能性。車載用のみならず定置用蓄電池までも海外に頼らざるを得ない状況になる」と指摘している。

## 「日本は負けると思った」

中国勢の勢いを肌で感じてきた日本人がいる。独自動車部品大手ZFの日本法人社長を務める多田直純氏だ。多田氏はボッシュなど部品メーカーで要職を務めた後、17年に

CATLに入社した。
「中国の若いエンジニアたちのものすごいエネルギーと向上心、まじめな勤務態度とか、それから多大な資本というのを見たときに、日本は負けると思った」。多田氏は当時の雰囲気を振り返り、こう続けた。「だからCATLにいたとき頭の中にずっとあったのは、このCATLと日本の自動車メーカーをつながないと、将来日本の自動車メーカーはえらいことになるんじゃないかということだ」

そこで多田氏は、CATLと日本の完成車メーカーの橋渡しをすることに力を注いだという。トヨタやホンダはその後、CATLから電池を調達することになる。

中国の資本を受けて息を吹き返す「日本拠点」の電池メーカーもある。19年に中国のエンビジョングループに買収されたエンビジョンAESCグループ(神奈川県座間市)は、日産のEV「リーフ」の電池を製造するために07年に日産とNECが設立した日産子会社だった。日産は今も20%出資するが、中国資本の傘下になったことで投資を加速している。

エンビジョンAESCは、26年の生産能力を現在の20倍に当たる年間400ギガワット時に高める方針だ。そのために世界各国で工場建設を進めている。米国のほかに英国、フランス、スペイン、中国で工場を建設する計画だ。米国では新たにメルセデス・ベンツや

ＢＭＷに電池を供給する契約を結んだ。

ＮＥＣ出身でＡＥＳＣの立ち上げメンバーでもある野田俊治・常務執行役員は、ＥＶ向けに10年以上電池を供給してきた歴史の中で、技術や生産力を向上させてきたと語る。「エネルギー密度は最初の倍ぐらい、生産性は４倍ぐらいになっている」と話す。

## 欧米は電池産業の育成狙う

韓国勢や中国勢の電池メーカーに後れを取った欧州には、強烈な危機意識がある。欧州委員会のティメルマンス上級副委員長は、第４章で紹介したように「中国勢が電池産業で持つ優位性を利用し、既存の自動車産業を追い詰めようとしている。（中略）欧州の自動車産業の競争力を高めるために、あらゆる手段を講じるつもりだ」と述べている。

欧州委員会は17年、電池分野の産業育成と雇用創出のために産業界や関係機関などが広く参加するイニシアチブ「バッテリーアライアンス」を打ち出した。これは欧州連合（ＥＵ）の中でも異例の取り組みである。ＥＵは公平性の観点から、特定の産業をあまり支援してこなかった歴史がある。それにもかかわらず電池産業の育成に踏み切ったのは、危機意識の表れだといえる。

このバッテリーアライアンスの中核企業に位置付けられたのが、スウェーデンのノースボルトだ。元テスラの調達担当幹部だったピーター・カールソン氏が16年に創業した企業だ。30年には150ギガワット時の電池セルを供給する計画を持つ。

米国も電池工場の誘致に必死だ。22年8月に成立したインフレ抑制法（IRA）では、税控除を受けられるEVの要件として、電池の一定割合を北米で生産することや、電池向け希少金属の一定割合を米国や米国が自由貿易協定（FTA）を結ぶ国などから調達することを挙げている。

そのため、各社が米国やFTA締約国で電池工場を立ち上げようとしている。韓国のLGエネルギーソリューションは23年5月、総額43億ドル（約6000億円）を投じて米国で現代自動車グループと電池の合弁工場を建設すると発表した。LGエネは既に北米で8カ所の電池工場を建設中または稼働中と、攻勢をかけている。

韓国のSKオンも23年4月に、現代自動車グループと米国で電池工場を建設すると発表していた。50億ドル（約7000億円）を投じ、現代自と起亜に電池を供給する。韓国のサムスンSDIは同じ日に、30億ドル（約4200億円）を投じ米ゼネラル・モーターズ（GM）と共同で米国に電池工場を建設すると発表した。

パナソニックはテスラと共同運営するネバダ州の電池工場に加え、カンザス州で電池工場の建設を進めている。最大約6000億円を投じ、30ギガワット時の年間生産能力を予定している。こうした建設中の工場が立ち上がれば、米国が電池大国になる可能性がある。

## ウクライナ戦争で電池価格が初めて反転

ロシアのウクライナ侵攻は、世界の産業界に様々な影響を及ぼしている。自動車産業への影響として懸念されたのが、ガソリン価格と電池価格への影響だった。

欧州などでロシア産の原油調達が滞り、ガソリンや軽油の価格が急上昇。それを避けるために、エンジン車ではなく、電気で走行するEVの需要が高まると見られた。実際、2022年春の欧州ではガソリン1リットルの価格が2ユーロを超え、EV購入の機運が高まった。

一方、供給制約が広がるとの見通しから、EV向けリチウムイオン電池の原材料であるリチウムやニッケル、コバルトの価格が急騰した。その結果として、22年はEV用電池価格が前年比で上昇した。米ブルームバーグNEFによると、22年の世界のリチウムイオン電池パックの平均価格は、前年比7％増の1キロワット時当たり151ドルだった。13

容量当たりのリチウムイオン電池パックの価格推移

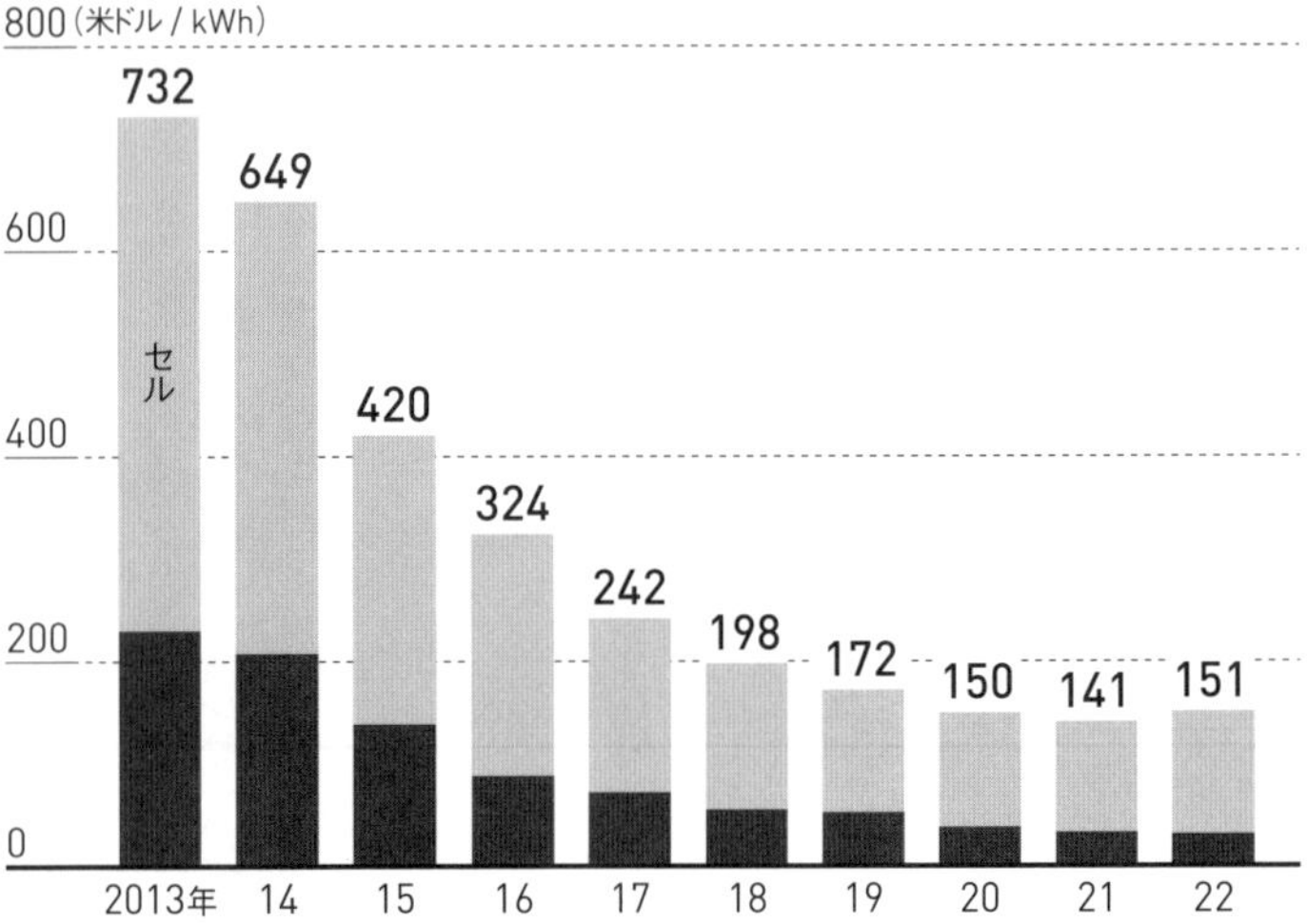


出所：ブルームバーグNEF

年には同732ドルだった価格が下がり続けてきたが、初めて前年を上回った。こうした状況を受け、テスラは22年末までの1年半で、主力の「モデルY」の最廉価グレードを約25%値上げした。

ガソリン価格の上昇によるEV需要の増加と、電池コストの上昇によるEV価格の引き上げ――。どちらの影響が強く出るか注目されていたが、22年は世界的にEVの販売が伸びた。中国の販売台数は21年比82%増の536万台で、欧州主要18カ国のEV販売台数は21年に比べ29%増の153万台。最大手のテスラは、値上げをしても22年の世界販売台数が131万台と前年より40%伸びた。

販売増の要因は主に2つある。1つは、補

助金による後押しだ。ドイツやフランスではEVを購入する際に多額の補助金を活用できた。例えばドイツは、4万ユーロ以下のEVに対して最大で9000ユーロの補助があり、フランスは6000ユーロの補助があった。

2つ目はリースの比率が高い点だ。欧州では社用車向けなどにリースで供給するクルマが多い。リース会社は二酸化炭素（$CO_2$）排出量を下げるため、積極的にEVを購入しているケースがある。エンジン車の販売やリースの価格が上がっており、EVとの差が小さくなっている。

リース大手であるオランダのリースプランは毎年、自動車の購入や走行、整備などの費用を合計した「総保有コスト（TCO）」を算出している。それによると、電気料金に比べ自動車用燃料の価格が上昇したため、ドイツやフランスなど大半の国で、EVのTCOはガソリン車やディーゼル車を下回った。また大半の国でテスラのEV「モデルY」は、メルセデスのガソリン車「Cクラス」よりTCOが低かった。

中でも影響が大きいのは補助金の動向だ。それを示したのがドイツの販売実績である。ドイツの22年のEV販売台数は前年比32%増の47万台だった。ところが、ドイツ政府が23年1月からEV向け補助金を縮小すると、12月の反動もあり販売台数が急減した。スウェーデンと英国では22年の途中に補助金が打ち切られた後も販売台数が伸びたものの、年の後半はメーカーの割引などで販売台数が伸びやすいだけに、年間を通じての影響は未知数だ。

つまり欧州市場では今のところ、ウクライナ戦争による原材料高騰より、補助金額の方がＥＶ需要に影響を与えていると見られる。補助金が縮小している市場で、ＥＶ需要の真価が問われることになる。

## 下落に転じるコバルトとニッケル

原材料の価格にも変化が見られる。急騰の反動やＥＶ需要拡大ペースの減速を受け、下落しつつあるのだ。英調査機関ベンチマーク・ミネラル・インテリジェンスによると、２月中旬のコバルトの価格は22年４月のピーク時に比べ57％下落している。ニッケルも下落局面にある。

ニッケルやコバルトを使わないリン酸鉄系（ＬＦＰ）電池の普及も関係がありそうだ。エネルギー密度は劣るが、原材料の調達コストが安いという特徴があり、テスラや中国メーカーが利用している。電池需要は右肩上がりだが、従来ほどニッケルやコバルトへの需要が伸びていない可能性がある。

ただ、LFP電池もリチウムを使うことに変わりはない。リチウムの調達は依然として大きな問題だ。リチウムの価格は足元で下落しつつあり、23年は22年より下落する予想があるが、中長期的には高値水準が続くと見られる。リチウムは中国や南米など生産地が偏在し、生産規模の拡大が容易ではないからだ。EV普及を推奨する国際エネルギー機関(IEA)のビロル事務局長も「リチウムの調達で単一の供給者に頼るのはリスクが高い」と指摘する。

INTERVIEW

# 激安EV支える中国・国軒幹部「EVの7割がLFPに」

**中国・国軒高科 グローバル本社エグゼクティブバイスプレジデント**

**程騫氏**

2009〜12年は筑波大学大学院の博士課程、国立研究開発法人 物質・材料研究機構（NIMS）の研究員を務める。12〜17年はNECで電池の研究開発に従事し、17〜19年には米アップルで電池の研究開発を担当する。19年に国軒高科入社中国の電池業界はCATLとBYDの上位2社だけにとどまらず、後に続く有力なメーカーがいくつも控えている。その1つが国軒高科だ。1998年に設立され、2015年に深圳証券取引所に上場した。中国でヒットした上汽通用五菱汽車（ウーリン）の約50万円のEVに電池を供給していることでも有名だ。

22年7月にVWがドイツ北部のザルツギッターで開催した電池工場の定礎式。大勢のドイツ人が集まる会場の中に、アジア人らしき一団がいた。興味を持って近づくと、中国語を話しており、国軒高科の経営陣たちであることが分かった。同社にはVWが約26%出資しており、VWにとっては電池戦略で欠かせないパートナーである。

その中の1人が突然、日本語で話してきた。その人物こそ、グローバル本社エグゼクティブバイスプレジデントの程騫氏だ。筑波大学大学院で博士号を取得し、NECに勤めた後で米アップルでも電池開発に従事した電池のエキスパートだ。VWが頼りにする国軒とはどのような企業なのか。後日、程氏に同社の戦略を聞いた。

**――この数年、電池の供給量を増やしています。世界でどれくらいの生産量がありますか。**

中国だけで100ギガワット時に迫る生産能力を持っており、25年には300ギガワット時にする目標を掲げています。内訳は中国が200ギガワット時、中国外が100ギガワット時です。
ベトナムのビングループと戦略的に提携していて、電池セルをベトナムで生産する予定です。続いてドイツで電池セルを生産します。最初は中国から電池セルをドイツに輸出し、ボッシュから買収したゲッティンゲン工場でパッケージに仕上げます。欧州では一定量以上を欧州で生産しないと多額の関税がかかるので、将来は現地生産に移行していきます。それからVWの電池生産もサポートします。米国でも大きな受注が入りそうです。

**――中国の他の電池大手とは、どのような違いがありますか。**

研究開発に力を入れていることと、電池材料に関する資源の権益を確保し、垂直統合を実現していることが特徴です。CATLやBYDよりも資源権益を保有しているのではないでしょうか。

中国では炭酸リチウムが採れる鉱山の権益を100%保有し、アルゼンチンでも塩湖系の炭酸リチウムの権益を保有しています。我々は正極材、負極材、電解液、セパレーター、電池ケース、モジュールのプラスチック部品、銅箔など、これらの全てを内製できるのです。サプライチェーン(供給網)のセキュリティーとコストの優位性に自信があります。

中国の電池材料がどんどん高くなる中、電池メーカーはセルの価格を引き上げなければなりません。我々は自社に資源があるのでコスト管理ができますが、その資源をあまり持っていない企業は電池材料の価格高騰に苦しんでいます。

**――テスラなど、ニッケルやコバルトを使わないリン酸鉄系（LFP）のリチウムイオン電池の採用が増えています。現在普及している3元系（NMC）とLFPをどれくらいの比率で生産していきますか。**

3元系が3割、LFPが7割ぐらいです。中国では以前、電池のエネルギー密度が高いほど多くの補助金がもらえたため、CATLやBYDは3元系を重点的に生産してきました。しかし、その補助金がなくなり、今後は合理的な比率になりそうです。完成車メーカーと話していても、今後の比率として7割がLFP、3割が3元系といった数字が出てきます。エネルギー密度で1キログラム当たり170ワット時がおおよその境界線になっていて、それ以下であればLFP、それ以上なら3元系が使われるというイメージです。

**――LFPは3元系に対しコスト面で優位ですが、価格差はどれくらいになっていますか。**

一般的に1キロワット時当たり、15～20％の価格差になっています。

**――足元では、LFPで多く使うリチウムの価格も上昇しています。今後はこの価格差が**

**縮まっていくのでしょうか。**

いえ、この価格差が広がっていくと見ています。なぜなら、我々が手掛けるＬＦＰのエネルギー密度が上がり、コストが下がっているからです。19年に1キログラム当たり190ワット時の量産ＬＦＰを発表しましたが、最近は230ワット時まで高められる成果を発表していますし、今は240ワット時に取り組んでいます。

現在（22年）生産しているのは190ワット時の電池セルです。23年から230ワット時の製品を生産する予定です。3元系とＬＦＰの価格差は30％ぐらいに開くでしょう。

**――ＬＦＰのエネルギー密度はどこまで高められると見ていますか。**

材料技術の革新により、28年ごろに1キログラム当たり300ワット時を実現することを目指しています。そうなればニッケル含有量が中程度の3元系と同じぐらいの性能になり、3元系が必要なくなるかもしれません。ＬＦＰを搭載したＥＶの航続距離を800キロメートルぐらいにできます。充電速度も速いので、ガソリン車より不便という印象は全くなくなるでしょう。

**――日本メーカーと取引をする場合、生産はどうなりますか。**

欧州に比べると日本政府は優しいので、日本での電池セル生産が必須にはならない前提で考えています。中国で電池セルを造った方がコストダウンできるので、中国製のセルを日本に輸出して、日本でパッケージに仕上げてそのままＥＶに搭載するという流れを想定しています。

## 電池に集まる多士済々　新ビジネスに挑む

世界一のＥＶ販売比率となったノルウェーで今、電池産業にイノベーションを起こそうとしている日本人がいる。新興企業のフレイル・バッテリーでＣＴＯ（最高技術責任者）を務める川口竜太氏だ。

フレイルは、自前で技術を開発せず、パートナーと共同で電池の量産を目指すというユニークなビジネスモデルを持つ。２０１８年の創業で、量産前にもかかわらず21年に米ニューヨーク証券取引所に上場。ＶＷも出資する米電池スタートアップ、24Ｍテクノロジーズと提携し、23年からノルウェーで定置用電池の生産トライアルを始めている。その先に狙うのがＥＶ用電池の量産だ。

川口氏はなぜ、異色のビジネスモデルを持つフレイルを選んだのか。そのキャリアや選

フレイル・バッテリーでCTOを務める川口竜太氏。およそ25年間、電池産業に関わる中で、量産の難しさを痛感してきた

択の背景に、EV産業の問題点と可能性が表れている。

川口氏は豊田自動織機と日産、英ダイソンでキャリアを積み、10年間は燃料電池の開発、15年間はEVや電池の開発・量産などを経験してきた。日産時代にはNECとの共同出資の電池会社（現在のエンビジョンAESC）にも出向したほか、米国で次世代電池の立ち上げにも従事。17年に日産を退社し、ダイソンのEV事業の立ち上げと同時に入社。開発をリードするポジションで働いた。

長く電池事業に関わってきた川口氏は、電池産業の2つの課題を見据えている。1つは「電池の量産の難しさ」だ。日産やAESCで電池の量産に苦労し、さらにスケールアップをするのはかなりの難しさだった。次世代電池の生産でも四苦八苦した。

こうした経験をしてきた川口氏からすると、現状の電池不足は当然の帰結に見える。新興勢だけでなく、既存の大手電池メーカーも量産が遅れ、歩留まりの改善に苦労している。「装置だけでなく電池技術者がいないと量産できない。技術者の奪い合いの状況にあり、どの企業も人材が足りない」と指摘する。

もう1つの課題は、「CO2排出量の削減」だ。EV普及の推進力の1つは走行中のCO2排出量の少なさにあるが、電池の生産時には多くのCO2を排出してしまう。「フレイルはこの2つの大きな課題を解決できる」と川口氏は力を込める。同社は提携企業と共に電池技術者を育成する方針だ。「ノルウェーの教育水準は高く、石油化学や金属製錬などの工場運営にたけた人材が豊富だ」と話す。

ノルウェーは水力発電由来の電力が豊富という地の利があり、EV普及率でも世界最高レベル。ここに生産技術を持つ電池メーカーを誘致して、共同で電池生産を立ち上げようとしているのだ。フレイルはプロジェクトマネジメントや現地人材の雇用、政府との交渉を担っていく。

「豊富な人材」と「CO2排出量の削減」という2枚看板を掲げ、提携企業を探しに世界中を飛び回っている川口氏。技術力はあるものの、コストやCO2の面で不利になる可能性がある日本企業には特に「一緒に電池を造りましょう」と呼びかけている。

## 元テスラ幹部の野望

22年6月、スウェーデン北部にあるシェレフテオを訪れた。北緯64度45分に位置し、北緯66度33分の北側にある北極圏に近い。小さな空港に降り立つと、心なしか空気が澄んでいるように感じる。空港の外にタクシーが並んでいるが、どれも予約車のようだ。「予約していない」と告げると、他の2人の乗客と共に相乗りで乗せてくれた。

2人がそれぞれ目的の場所で降車し、最後に筆者が残された。物価の高いスウェーデンで、メーターの数字がどんどんと上がっていくのでヒヤヒヤしていたが、タクシー運転手はこちらの警戒を感じ取ったように言った。「ここは北欧の田舎街。とても安全でちゃんと請求するから安心して」。実際、最後に降りた筆者の運賃は全てのルート分ではなく、きっちり分割されていた。

電池企業のノースボルトの取材で訪れたと告げると、「街は大きく変わった。私にもいいことがあったよ」と話す。聞けばタクシー運転手の息子さんはエンジニアで、海外で働いていたが、ノースボルトの求人に応じて地元に戻ったという。欧州期待の電池企業が、極

16年にノースボルトを創業し、CEOに就任したピーター・カールソン氏

北の街を大きく変えている。

ノースボルトは元テスラの調達担当幹部だったピーター・カールソン氏が16年に創業した企業。欧州投資銀行と融資契約を締結したほか、米ゴールドマン・サックスやVW、BMW、スウェーデンのボルボ・カーなど様々な企業から巨額の資金を調達。スウェーデン北部シェレフテオで建設中の工場では水力発電由来の電力を利用し、60ギガワット時の電池セルを生産する計画だ。

そのほかにもボルボ・カーと共同でスウェーデン・イエーテボリに、VWと共同でドイツ北部に、それぞれギガファクトリーを建設する。30年には150ギガワット時の電池セルを供給する計画を持つ。

本章の冒頭で紹介したように、電池で韓国勢や中国勢に後れを取った欧州では電池産業の育成が着々と進んでいる。欧州委員会の産業育成策「バッテリーアライアンス」の中核と位置付けられた企業がこのノースボルトだ。

## リサイクルを事業の根幹に

通常、工場は商店や住宅などがある街の中心地から遠くに立地しているが、シェレフテオでは広大な土地があるため、ノースボルトの工場は街の中心地からクルマで10分ほどと非常に近い。これは従業員の往来のしやすさに寄与している。

工場が近づくと、巨大な建造物が見えてきた。事前に写真を見ていたが、想像以上に大きい。正面の入場ゲートから敷地内に入ると、さらにその大きさが迫力を増す。工事が続いているため、至る所にたくさんの従業員がいる。

ノースボルトは22年5月、大きな一歩を踏み出した。21年12月に電池生産を始めたシェレフテオ工場で様々な調整を重ね、22年5月に初のＥＶ向け商用電池を欧州の自動車メーカーに出荷したのだ。筆者が訪れたのはその１カ月ほど後のこと。多くの従業員が生産立ち上げや新ラインの建設などの仕事に追われていた。工場責任者であるフレドリック・ヘ

22年6月に撮影したシェレフテオ工場。多くの従業員が量産準備などに従事していた

ドルンド氏は「生産は順調に進んでおり、今後は生産規模を増やしていく」と語る。

ＥＶで30万台分に当たる16ギガワット時の量産準備を進めており、今はそのうちの1つの生産ラインを動かしている段階だ。足元ではニッケルやリチウムなどの電池材料の価格が上昇しているが、ヘドルンド氏は「原材料市場に課題があるのは確かだが、我々の商用生産に影響はない」と語る。

東京ドーム20個分ほどである約１００万平方メートルの広大な敷地には、電池工場とリサイクル工場が立ち並ぶ。

実は、リサイクルはノースボルトのビジネスモデルの根幹を支える存在だ。シェレフテオのリサイクル施設では、電池セル生産量の半分である30ギガワット時分に当たるレアメタル回収をもくろむ。既に100％リサイクル材で電池セルを製造した実績もある。

それとは別に、ノルウェーのアルミ大手ノルスク・ハイドロとの共同出資会社を設立。ノルウェーのリサイクル工場は22年5月に商用運転を始めた。ノルウェーの工場で使用済み電池セルからレアメタルなどの黒い塊を取り出し、これをシェレフテオ工場にあるリサイクル施設でニッケル、コバルト、リチウムなどの原材料に戻す。ノースボルトのカール ソン最高経営責任者（CEO）は「リサイクル材は原材料購入よりコストが安くなり得る」と話す。

## 元テスラCTOの危機感

電池のリサイクル事業は米国でも始まっている。その代表選手がレッドウッド・マテリアルズ。テスラ共同創業者で元CTOのジェイビー・ストローベル氏が立ち上げた会社で、米アマゾン・ドット・コムや米フォード、ビル・ゲイツ氏のファンドも出資する。車載電池の再利用で21年9月にはフォードと、22年6月にはトヨタ自動車と提携した。

そのレッドウッドは今、カリフォルニア州との州境に位置するカジノの街、ネバダ州リ

レッドウッドがネバダ州リノ郊外に建設中のリサイクル工場はテスラとパナソニックの電池工場「ギガネバダ」から車で約20分の所にある（左がストローベル氏）

ノから車で約30分走った場所にある175エーカーの土地に新工場を建設している。「EVが普及すればニッケルやコバルト、銅などバッテリーに必要な資源が急速に逼迫する」。ストローベル氏はこう危機感を募らせる。

問題意識はノースボルトに似るが、異なるのはそのビジネスモデルだ。電池を分解した後、化学処理を施して資源を抽出する。そこからノースボルトは電池生産までを手掛けるが、レッドウッドは電池材料の生産までに特化。できた材料をパナソニックなどの電池メーカーに納入する。

レッドウッドは本社を置くネバダ州カーソンシティーの工場にEV換算で年間6万台分の材料生産能力を持つ。新工場が完成すれば、電池材料に適した配合の材料精製だけでなく、正極や銅箔などの部材の生産も可能になる。25年までに年間100万台分、30年までに同500万台分の生産を目指し、実現すれば世界市場の約8分の1を賄える規模になる。

あえて「材料屋」に徹するのは、将来の資源逼迫レベルを考えると、レッドウッド1社の取り組みでは間に合わないと考えるからだ。ストローベル氏によると、資源の採掘から素材精製、正極などの部材から電池を造り、EVに搭載するまでのサプライチェーン全体を見たとき、将来的に逼迫するのは正極など材料を生産するまでの工程だ。「レッドウッドはこのサプライチェーンの中でも足りない部分を補うことに集中する。そうでなければ、急速に拡大する世界の電池需要を賄い切れない」とストローベル氏は話す。

米国内に競合らしい競合はいない。同氏が持つ幅広い人脈と技術における造詣の深さに強みがある。テスラ時代に同社主力サプライヤーのパナソニックと一心同体の技術開発に取り組んできたほか、低価格セダン「モデル3」の生産立ち上げでは安価に量産する難しさを実体験した。

テスラCTOを辞す19年7月まで電池の「ユーザー側」でもあったため、電池に必要な材料の機能や混合比、製造技術を知り尽くしている。リサイクル材料は素材の純度をいかに高めるかがカギ。だが高すぎるとコスト増につながり、どのくらいの純度が必要かも素材によって異なる。ここにテスラでの経験と知識を生かそうとしている。

ストローベル氏はその後の23年5月にテスラ取締役に就任した。同氏はレッドウッドCEOも続けており、テスラはリサイクルも強化していくことになりそうだ。


世界では電池産業だけでなく充電インフラやソフトウエアなどEV関連産業に巨額の資金が流れ込んでいる。電池の調達難、充電インフラの不備などEVには多くの課題があるにもかかわらず、世界の国や企業がEVシフトを進めるのは、気候変動問題のためだけではない。

欧州では今、CO2排出量の削減分を金銭価値に変える動きが急速に広がっている。CO2排出量が多い企業に排出枠を割り当て、その削減分を売買する排出量取引市場が確立されている。今、大きく進展しているのが自動車産業、特に車載用電池だ。

欧州委員会の電池規則案では、20年代の半ばごろから順次、原材料の採掘から廃棄まで電池ごとのCO2排出量を明示することや、一定量のリサイクル材料の利用が義務付けられる。

欧州議会は23年6月に主要材料のリサイクルを域内で義務付ける規制案を採

択。欧州理事会の承認を経て年内に施行する見通しだ。例えば、リチウムは使用済み電池から27年までに50％、31年までに80％のリサイクルを義務付ける。こうしたリサイクル材の利用やＣＯ２排出量を記載した「電池パスポート」も導入する。

これに対応し、米フォード・モーターやホンダなど世界１２０社以上が加盟する企業連合「モビリティ・オープン・ブロックチェーン・イニシアチブ（ＭＯＢＩ）」が、電池パスポートの規格案を取りまとめた。ブロックチェーン（分散型台帳）を活用し、電池ごとに識別番号を付与することで追跡できるようにする仕組みだ。欧州委員会などに規格案の採用を働きかけていく。

## 利用者急増でテスラの充電ビジネスが急拡大

フレイルやノースボルト、レッドウッドは単に「環境に優しい電池」を訴えるわけではない。「データで管理されたＣＯ２削減量」という付加価値を乗せて、ＣＯ２削減という「通貨」を取引する巨大な脱炭素市場に加われるようにする考えだ。

テスラやＢＹＤは既にその価値を具現化させつつある。特にテスラのマスクＣＥＯは従前から「テスラはただの自動車会社ではない。エネルギーイノベーション会社だ」と述べ、エネルギー事業に力を入れてきた。再生可能エネルギーの開発に加え、早くから自前の充電ネットワークの整備に力を入れ米国で2万基以上、世界で4万基以上の急速充電器を設置している。

そして23年には米国の自動車技術者協会がテスラの急速充電規格を標準技術として採用すると発表。それを米フォード・モーターと米ゼネラル・モーターズ、スウェーデンのボルボ・カー、日産自動車が利用する方針を示した。利用者が増えれば、テスラの充電ビジネスの収益が伸び、30年には30億ドル（約4260億円）の事業に発展する可能性も指摘されている。自動車会社と充電サービスが切り離されていればビジネス上の取引で済むが、自動車各社がテスラの充電網を利用した場合は、競合他社がテスラの収益拡大に貢献することになっていく。

EVだけではなく電池大手でもあるBYDは、電池の再利用を始めている。バスや自動車に搭載されている電池を回収し、性能を確認した上で、再生可能エネルギーの蓄電池として再利用するビジネスを進めている。電池材料の供給元とのつながりが深いBYDは、再利用ビジネスの構築も主導することで、電池に関する価格決定権を握ろうとしている。

VWも電池を起点とした新しいビジネスを模索している。VWグループ技術担当取締役のトーマス・シュマル氏は、インタビューでこう語った。「我々が造っている電池セルは、将来的にはエネルギー供給会社のためにもなるのだ。将来的にEVは、移動式のエネルギーストレージシステムとなり、顧客のエコシステム（生態系）の一部となる」

日本でもこうした流れに沿った動きが出始めている。例えば充電インフラ。再生可能エネルギーの利用をデータで管理し、充電料金に反映させることもあり得る。

石油元売り大手のENEOSホールディングスは、NECから充電器4600基の運営権を取得し、30年度までに最大1万基の急速充電器を設置する方針を掲げる。同社は再エネ新興企業のジャパン・リニューアブル・エナジーを約2000億円で買収した。再エネを使った充電器の実証も始めており、CO2削減が大きな価値を生み出す時代に備えている。

およそ100年前、移動のインフラが馬車から自動車に置き換わった際にも給油所の整備など大きな産業構造転換があった。その時はハードウエアの転換がほとんどだった。

今回のエンジン車からEVへの転換は、車という移動インフラは変わらないために、表面上はその変化が分かりにくい。だが、その裏ではCO2排出量の価値化やデータ活用など、ソフトとハードを包括した産業の構造転換が進んでいる。

日本は「エンジン車かEVか」というモノづくり中心の発想にとどまっていないだろう

か。世界の視線は、電池やその原材料、エネルギーシステムを巻き込んだ新しい市場づくりへと向かっている。あらゆる産業界、そして起業家がリスクを承知の上でＥＶを選ぶのは、産業構造の転換期にこそ、未来の大きなチャンスがあるからだ。

# 第9章

# EVリストラの震源地 部品メーカーの下克上

EVの世界は断固たるコスト競争になる。どんどん下がっていく。過去のガソリン車のシェアは関係ない。家電商品だ。その時にニデックが登場する

――ニデック 永守重信会長兼CEO

2021年1月、ドイツ銀行のアナリストが、電気自動車(EV)シフトについて衝撃的なリポートを発表した。「ドイツ自動車産業集積地のデトロイト化」に警鐘を鳴らすというものだ。自動車生産で栄えた米デトロイトでは、1970年代ごろから自動車工場の閉鎖や部品メーカーの倒産が起こり、大量失業につながった。リポートはドイツの自動車産業を当時のデトロイトと比較するような内容となっている。

「EVシフトとデジタル化の波の中で、ドイツにおける自動車生産が生産コストの安い国外に流出するリスクがある。デトロイトが米国の自動車生産の中心地だった時代があったが、労働コストなどの問題から他の地域に生産が流出した。生産コストの高いドイツでも、自動車産業とそのバリューチェーンが直面する課題は非常に大きい」

このリポートで指摘したような影響がいち早く及んでいるのが、自動車部品メーカーだ。EVシフトに合わせた大規模な事業の構造転換が必要となり、赤字への転落や人員削減につながるケースもある。本章では、EVシフトの影響が大きい部品メーカーの動向を追う。

## エンジン生産縮小が独部品メーカーを直撃

欧州自動車部品工業会（CLEPA）は2021年12月、エンジン車からEVへのシフトにより、約27万5000人の雇用が危険にさらされると警告した。35年までにエンジン車の新車販売が禁止された場合の試算として、EV向けパワートレーン製造に22万6000人の新規雇用が見込まれる一方、エンジン部品製造の部品メーカーで働く50万1000人の雇用が脅かされるとした。部品メーカーは完成車メーカーとの長期契約に縛られており、機敏に反応できない。そのため、CLEPAは完成車メーカーよりも部品メーカーがEVシフトの影響を受けやすいと指摘している。

ドイツの部品大手シェフラーは、エンジン関連事業などで26年までに合計1300人を削減すると22年11月に発表した。リストラの要因はEVシフトにあると明言している。

シェフラーのクラウス・ローゼンフェルドCEO（最高経営責任者）は独メディアに対し、「駆動システムの変化は予想以上に早く訪れている。今回の人員削減は、ガス・エネルギー危機の影響ではなく、EVシフトへの対応だ」と述べた。

またシェフラーは、以下のようなコメントを出している。「自動車駆動技術の分野では、EVシフトが加速しており、内燃エンジン車向け製品の生産能力過剰を招き、さらなる調整が必要となっている。また、自動車メーカーが内燃エンジン車の開発計画を削減し続けていることも、シェフラーにさらなる調整の必要性をもたらす要因となっている」

ドイツの部品大手マーレはエンジン関連の部品工場を中心に、7600人が余剰になると明らかにしている。

## 構造転換後にEV関連の受注拡大も

業績が低迷したのがコンチネンタルだ。同社は00年以降に事業構造改革を進めた際に、コネクテッド（つながる車）関連や自動運転関連の企業を相次いで買収してきた。だが、EVシフトが急速に進み、新型コロナウイルスの感染拡大で自動車の生産台数が減少する中で、業績が急速に悪化。20年12月期は2期連続の最終赤字に沈んだ。

19年の記者会見で当時のコンチネンタルCEO、エルマー・デゲンハート氏は、「25年に開発を始めるエンジンが最後の世代になる」としていた

これを受け、コンチネンタルは大規模な人員削減計画を発表している。20年には、エンジン関連部品の生産縮小や工場閉鎖などにより、世界で最大3万人の雇用に影響を与える可能性に言及していた。エンジン生産が減れば、それに伴うゴムなどの部品の生産も減少してしまう。同社は25年までにドイツ国内のホース工場で人員を削減する予定だ。

19年の記者会見で当時のエルマー・デゲンハートCEOは、エンジン開発から撤退していく計画を明らかにしていた。25年を最後に新エンジンの開発をやめ、30年ごろにそのエンジンを生産するという内容だった。その一方、安全運転支援や自動運転向けのソフトウエアの開発に力を入れていた。ただ、自動運転については実現可能な機能の限界や各国の規制が壁になり、ＥＶほどの盛り上がりを見せていない。

成長性への期待の薄れから、株価も低迷している。23年4月から5月中旬までの株価は70ユーロを下回り、18年のピーク時に比べ3分の1以下になった。自動車部品メーカーの事業構造転換の難しさを象徴する事例となっている。

ただ、影響が大きい分、構造改革を進めるスピードも速い。コンチネンタルは19年にパワートレーン部門を「ヴィテスコ・テクノロジーズ」として分社化し、21年に上場させた。既にコンチネンタルの業績は回復基調にある。

事業構造転換をいち早く進めたシェフラーは、ＥＶ関連の受注が拡大している。同社のＥＶ関連事業の受注は、22年12月期に50億ユーロ（約7500億円）に達している。

# 激化する電動アクスル争奪戦

ニデック(旧日本電産)は23年5月、東欧のセルビアで新工場の開業式を開催した。同国のブチッチ大統領が参加し、新たな投資を歓迎した。ニデックはここで車載用のモーターやインバーターなどを生産する。将来は欧州のEV向けに、モーターとインバーター、変速機の主要3部品を一体化した「電動アクスル」を量産する。

電動アクスル事業は23年3月期まで赤字だったが、24年3月期に黒字転換する見通しだ。23年3月期に33万9000台だった販売台数を、24年3月期には94万9000台まで伸ばす。従来の供給先は広州汽車集団や吉利汽車など中国車メーカーが中心だったが、今後は欧米に広げていく。今期は中国向け電動アクスル販売の中で、利益率の高い第2世代の割合を71%まで高めるという。

4月に開いた決算説明会では、最大7つの部品を一体化した第3世代の電動アクスルを

ニデックは23年5月、東欧セルビアでEV向け基幹部品工場の開業式を開催した

開発していることも明らかにした。常務執行役員で車載事業を担当する早舩一弥氏は、「トータルで大幅なコストダウンになる」と話す。さらにほとんどの部品を内製できることが強みになるという。

30年度には、電動アクスルの販売台数を1000万台に引き上げる目標がある。永守重信会長兼ＣＥＯは決算説明会で、「30年のＥＶの値段は20年に比べ5分の1になるので、部品のそれも5分の1になる」と指摘した上で、「早くやったら勝てる」と語った。

今後の大手自動車部品メーカーにとって、電動アクスルはエンジン関連の代替となる事業のため極めて重要だ。ＥＶにおいては電池に並ぶ基幹部品といえる。

完成車メーカーとしては、エンジン車より量産の歴史の浅いＥＶの開発はまだ手探りの部分がある。そのため、この段階で基幹部品を納入できれば、将来の販売増加につながる可能性が高い。ＥＶ市場の拡大を見据え、自動車部品メーカーが激しい競争を繰り広げている。

早期のシェア拡大を狙って鼻息が荒いのがドイツ勢だ。自動車部品大手である独ＺＦはもともと変速機が主力だったが、15年に米ＴＲＷオートモーティブを買収するなど総合部品メーカーに変身。電動化への需要が高まっていたことから、いち早く電動パワートレーン関連の部門を立ち上げた。

## 4兆5000億円超の受注残

ＺＦは35年に世界でＥＶと燃料電池車（ＦＣＶ）の生産台数が年間８４００万台に達するという見通しを示す。電動パワートレーン・テクノロジー事業部のシュテファン・フォン・シュックマン取締役は、「経営資源を電動化関連部品に一気に振り向けている」と話す。さらに「ハイブリッド技術などの開発を通じて、モーターとインバーター、トランスミッションの技術を磨いてきており、その技術的な蓄積が電動アクスルに応用されている」と自

ZFの電動パワートレーン・テクノロジー事業部のシュックマン取締役

信を示す。
同社は顧客のＥＶ開発を支援している。完成車メーカーがＺＦの車台（プラットホーム）を活用すれば、ＥＶの開発期間短縮やコスト削減のメリットがあるという。電動アクスルの受注残は３００億ユーロ（約４兆５０００億円）を超えている。
さらに力を入れるのが、８００ボルトへの対応だ。現在のＥＶ用電池の電圧は４００ボルトが多いが、充電時間の短縮などを狙って８００ボルト以上に高める動きが広がっている。既に高級車では８００ボルト対応のＥＶが増えている。
８００ボルト対応のＥＶでは、炭化ケイ素（ＳｉＣ）を使ったパワー半導体が主流になりそうだ。従来のシリコン（Ｓｉ）製パワー半導体より高電圧に強く、電力損失が少ないからだ。そこでZFは23年4月、スイスの半導体大手STマイクロエレクトロニクスからSiC半導体を25年以降数千万個調達することを発表。シュックマン取締役は「最初は高級車から始まるが、徐々に大衆車にも広がっていく」と市場の広がりに期待する。

コンチネンタルから分社して21年9月に上場したヴィテスコ・テクノロジーズも電動アクスルの開発と販売に力を入れる。同社はエンジン車からEVまで様々なパワートレーン関連部品を手掛ける。

変速機から電動アクスルに参入する企業が多い中、同社はインバーターやパワーコントロールユニットなどのソフトウエア開発に強みがあるのが特徴だ。既に電動アクスルは第3世代まで量産しており、50万ユニット以上を供給した実績がある。

ヴィテスコのアンドレアス・ヴォルフCEOは、「モジュラーアプローチに強みがある」と話す。電動アクスルの一定割合はモジュール化し、残りの部分を顧客ごとにカスタマイズしていくという。モジュール化することで同じラインで生産し、量産効果によるコスト削減を図れる。

24年からは第4世代の電動アクスルを生産する。第3世代に比べ25%軽量化し、5%の効率改善を実現する。既にグローバルの完成車メーカーから20億ユーロ（約3000億円）の注文があるという。ヴォルフCEOは、「これからはさらに製品改良の頻度を高めていく」と語る。

## 垂直統合から再び水平分業に

自動車部品最大手の独ボッシュも黙っていない。主要部品の内製化に力を入れており、インバーターに組み込むSiC製のパワー半導体をドイツで量産している。SiC半導体を外注するメーカーが多い中、内製してコスト競争力を高める。

23年4月には米国の半導体メーカー、TSIセミコンダクターズを買収すると発表。米工場に15億ドル（約2100億円）を投じて26年からSiC半導体の量産を始める。従来はドイツだけで量産していたが、米政府のEV普及政策により米国での電動アクスルなどの需要が増えると見て、買収に踏み切った。

EVの生産拡大は、従来の自動車業界のヒエラルキーを覆す可能性がある。エンジン車が主流だった時代は、完成車メーカーごとに系列の部品メーカーが連なるピラミッド構造

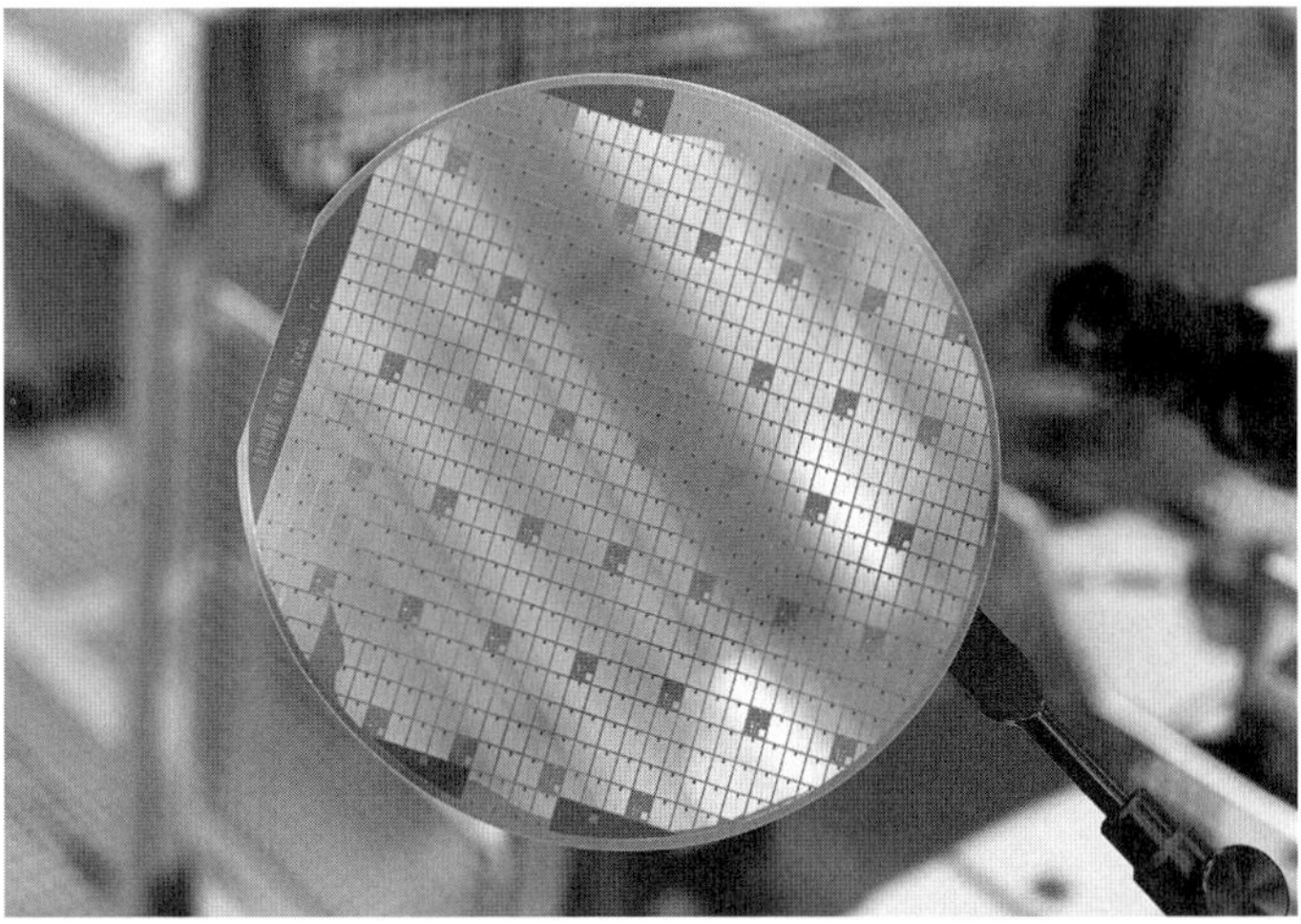

ボッシュが内製に踏み切ったSiC製パワー半導体。EVの高電圧化を契機に採用が広がると期待する

やすみ分けがあった。しかし、エンジンの代替とも言える電動アクスルは、明確なピラミッド構造やすみ分けがまだ出来上がっていない。

ニデックの永守会長は未来のＥＶ産業についてこう語っている。「欧米の完成車メーカーは電動アクスルを内製しているところがあるが、ＥＶ事業は赤字なので利益を出すために外注するようになる」「ＥＶの世界は断固たるコスト競争になる。どんどん下がっていく。過去のガソリン車のシェアは関係ない。家電商品だ。その時にニデックが登場する」

ＥＶ普及のとば口である現在は、専業メーカーなどがサプライチェーン（供給網）の垂直統合を進めているが、コスト競争が激しくなれば、水平分業化が進む可能性がある。電動アクスルを中心に新たなメガサプライヤーが誕生するかもしれない。

日本の完成車メーカーはＥＶの生産量が少ないため、系列の部品メーカーが電動アクスルの量産化やコストダウンで遅れる懸念がある。そうなれば系列の部品メーカーは、系列外で競争力のある電動アクスルを製造する部品メーカーにシェアを奪われるリスクがある。

ＥＶという新市場が拡大する中で、完成車だけではなく部品メーカーでも下克上が起こり得る。

## セーレン、EVシート材需要で最高益に

エンジン関連部品を手掛けてきた部品メーカーが苦境に立たされている一方で、EVシフトが生んだ新しいニーズに商機を見いだす企業もある。その代表例が、繊維大手のセーレンだ。

セーレンが2023年5月に発表した23年3月期決算は、売上高が前の期比21%増の1323億円、営業利益が同18%増の128億円だった。いずれも過去最高だ。さらに中期経営計画として、26年3月期に営業利益を170億円、営業利益率を11%まで高める目標を示した。川田達男会長兼CEOは決算説明会で、「新規事業の売上高を伸ばしていきたい」と語った。

成長をけん引するのがEV向けの合成皮革だ。セーレンは、本革の4倍の耐久性を持

セーレンの自動車向けシート材「クオーレ」。EV向けの販売が伸びている

ち、重さが半分の新素材「クオーレ」を開発。EVは電池搭載で重量が増すため軽量化のニーズが強い。世界のEVメーカーがクオーレにほれ込み、受注が相次いでいるのだ。23年3月期はアジアでEV向け製品の需要が急増し、セーレンの収益を押し上げた。

繊維事業が祖業のセーレンは、新規事業を開拓する中で自動車向けのシート材に活路を見いだした。EVメーカーから高く評価されたため、需要地に工場を建設し、海外売上高の比率を高めている。

今後も合成皮革への追い風は続きそうだ。まず、世界でEV販売が伸び、軽量のシート材の需要が高まる公算が大きい。また、欧州のメーカーを中心に動物愛護や環境保護の観点から動物の皮革を回避する「アニマルフリー」の動きが強まっている。スウェーデンのボルボ・カーはEVの内外装に動物の皮革を使わない方針を21年に発表している。その代替として合成皮革の需要が高まっている。

セーレンは、17年に1220万メートルだったクオーレの年間供給能力を、22年には2倍以上の3090万メートルに、24年には3730万メートルまで引き上げる予定だ。

## 電光石火のハンガリー進出決定

セーレンは21年4月、ハンガリーにシート材の新工場を建設することを決定した。約55億円を投じ、23年中に生産を始める予定だ。同社は米国やメキシコ、中国、タイなど海外7カ国に工場を持つが、初めての欧州工場となる。

電光石火の決定だった。欧州での工場建設を検討し始めたのは20年10月のこと。21年1月には川田浩司副社長が約3週間かけてポーランドを軸に、チェコ、ハンガリーを視察。その報告を受けて調査を重ね、検討開始から半年後の4月にはハンガリー進出を決定した。

20年10月にハンガリーの駐日大使が、福井県の企業をハンガリーに誘致する活動の一環でセーレンの福井工場を視察し、川田副社長と名刺交換をしていた。改めてセーレンが欧州で工場進出を検討していることを伝えると、コロナ禍でレストランも休業するロックダウン（都市封鎖）の時期だったが、ハンガリー政府は招待状を出して全面的に現地視察をサポートした。

これまでの海外経験に基づく、現地視察の視点が面白い。川田副社長は街中で自動車が整然と駐車されている様子に、ハンガリーの国民性を見たという。これまで川田副社長は、海外の工場で整理整頓などを徹底することに苦労してきた。「整理してモノを並べましょう」と伝えても、なかなか整理整頓の重要性を理解してくれない国もあるという。そうしたお国柄の従業員たちを指導するのは骨が折れる。

実際、海外では白線に沿わないで駐車しているケースが珍しくない。英国でも、5台分の駐車スペースなのに1台が白線を越えて駐車しているため4台しか駐車できないようなケースがざらにある。「ハンガリーは日本のように白線に沿って駐車しているケースが多かった。しかも、真ん中にしっかり駐車していた」と川田副社長は振り返る。

実は工場建設を決めたハンガリー南部のペーチは、駐日大使の故郷だった。首都ブダペストから遠く、当初は予定になかったが、大使のおすすめだったので行ってみた。すると、まさに工場建設の適地だった。同地にあるペーチ大学は長い歴史を持つ名門で、人材獲得でも有利だ。またブダペストより進出している工場の数が少ない分、工場建設で受け取れる補助額が相対的に大きい。進出決定後にウクライナ戦争が起こったが、ハンガリーの中でもウクライナ国境から遠い場所にあるため影響は少ないという。

川田会長は、「敷地面積は今の工場のおよそ10倍確保し、今後の拡張に備えている」と明かす。今後も欧州のEV需要が拡大するとみて、それに応えていく。

中国メーカーなども合成皮革の開発をしているが、セーレンは機能性の向上などで突き放す考えだ。シートの表面温度を制御する機能などを付与し、冷房の使用を抑えることで、燃費向上に貢献している。またシートの汚れを落としやすい機能や蒸れにくい機能を加えている。

EVシフトにより、エンジン関連など従来のビジネスが失われる側面がある。その一方で、セーレンのように商機が広がる企業もある。巨大な自動車産業が、様々な側面から変わろうとしている。

# 第10章

# EV化で仕事がなくなる? 労働者たちの苦悩

今、この変革(EVシフト)を成功させなければ、我々の仕事も危うくなる

——VW労働評議会
ダニエラ・カヴァロ議長

約220万人が加盟するドイツ最大の産業別労働組合の「ＩＧメタル」は、電気自動車（ＥＶ）シフトによる雇用への影響について度々警鐘を鳴らしている。イェルク・ホフマン会長は2023年4月のドイツメディアのインタビューで、「ドイツメーカーは高級ＥＶに集中しすぎだ。手ごろなＥＶがなければ、中国メーカーに市場を奪われ、ドイツでの雇用を維持できない」と語った。

ただ、23年春まで、ドイツの完成車メーカーでＥＶシフトを理由に大規模な人員削減が実施されることはなかった。独ＢＭＷは20年、人員削減をせずにＥＶの生産を増やしていくことを宣言。ドイツ東部のライプチヒ工場は22年にＥＶ「ｉ３」の生産を打ち切ったが、ＥＶ用部品の生産に切り替え、雇用への影響は表面化していない。その一方で米フォード・モーターは、ＥＶシフトに伴う欧州での人員削減を23年2月に発表した。

ＥＶシフトで自動車業界の雇用はどうなるのか。働き続ける人たちにはどんな変化が求められるのか。労働組合が強いことでも知られる欧州は、雇用に関する日本との共通点が多い。欧州で自動車メーカーがＥＶ化を急いだことで渦中に置かれた労働者たちの苦悩は、これからＥＶシフトが進む日本にとっても決して他人事ではない。

## フォード、欧州の工場で人員削減の現実

欧州で100年以上の歴史を持つフォードが2023年2月、EVシフトに伴う欧州での人員削減を発表した。今後3年間で開発と管理機能を縮小し、約3800人の雇用を削減する。欧州全体の従業員の約1割に当たる。

人員削減は主にドイツで、そのうち2300人を削減する。その震源地になっているのがケルン工場だ。同工場では主力の小型車「フィエスタ」を生産するが、23年中に生産を終了し、エンジン生産も停止する。その一方、同工場に20億ユーロ（約3000億円）を投じ、EV生産の準備を進めている。23年中に生産を始める予定だ。

欧州連合（EU）が35年にエンジン車の新車販売を原則禁止（合成燃料を利用するエンジン車のみ除外）する規制を導入し、各社がEVの新車投入を急ぐ。その中で、フォードはEV

フォードのケルン工場ではEV生産の準備が進んでいた

の投入が遅れていた。フォードは欧州で30年に全ての新車販売をＥＶにする方針を公表。独フォルクスワーゲン（ＶＷ）からＥＶ用車台（プラットホーム）を調達し、23年から欧州で生産を始めることを決めた。その急激なＥＶシフトに備えて人員削減を決めたわけだ。

今後、日本でもＥＶシフトが進んでいくと同様のことが起こり得る。3月、人員削減に揺れるドイツ西部のケルン工場を訪れた。従業員の間ではどのようなことが話し合われていたのか。

## 経営側にブーイング

フォードのケルン工場は、ケルンの中心地から電車で40分ほど北に向かった場所にある。

従業員はクルマで通勤する人が多いが、この日は市街地から電車を乗り継いで向かった。1931年に稼働を始めた伝統のある工場で、民間企業としてはケルンで最多の従業員を抱える。

出迎えてくれたのは、フォードの欧州労使協議会（いわゆる労働組合）書記のハンス・ラヴィッツケ氏だ。父親も同じ工場で働いており、フォードとの縁は深い。工場敷地内に組合の事務所があり、産業別労働組合「IGメタル」の文字が書かれたフロアマットなどが置かれていた。

2カ月ほど遡る23年1月、ラヴィッツケ氏は緊張感のある日々を過ごしていた。経営陣が追加のリストラをにおわせ、大規模な人員削減の報道もあったことから、従業員がリストラについて疑心暗鬼になっていたのだ。

そこでラヴィッツケ氏など組合の幹部は、ケルン工場の従業員に呼びかけ、1月23日に大規模な集会を開いた。エンジン工場の空いた一角に大きなスペースがあり、そこに3台の大きなスクリーンと4500脚の椅子を用意した。

関心の高さから、朝一番の集会には予想を超えた人数が集まった。座れない人たちには次回への参加を呼びかけるほどだった。2回目の集会にも多くの従業員が集まった。工場

フォードの欧州労使協議会書記のハンス・ラヴィツケ氏。その父親もケルン工場で勤めた

内の大きなホールに集まった従業員たちは、熱心に登壇者たちの発言に耳を傾けていた。

この集会で、欧州フォードの経営幹部が15分ほどのスピーチをした。ただそれは、従業員たちが納得できるものではなかったようだ。会場内の至る所から激しいブーイングが起こり、場内は騒然とした雰囲気になる。労働組合の代表などが状況を報告して会場を落ち着かせ、ようやく散会した。

ケルン工場の従業員はナーバスになっていた。少し前にはドイツ軍の求人を担う事業者が、ケルン工場の前に大きな求人広告を載せたトラックを止め、工場の従業員に対してドイツ軍への勧誘をしていた。ラヴィツケ氏は「失礼な話だ」と怒り、追い払ったという。

ドイツメディアの注目も集めた人員削減問題は、2月14日に結論が出た。同月1日から週末を含め60時間に及ぶ交渉の末、欧州フォードは従業員代表と人員削減の内容で合意。従来の想定より退職者の人数が減少したほか、32年末までは業務上の理由による整理解雇をしないことを確約するなど、想定より悪い内容ではなかった。

従業員代表からのレターの書き出しが反応を端的に表している。「32年までの雇用確保が保証され、ケルンのフォードは大きな安堵《あんど》のため息をついた！」

欧州フォードはこれまでも人員削減を実施している。実際に退職した人はどのような人が多かったのか。ラヴィッケ氏によると、大きく2つのグループがあるという。1つは定年間近の人たち。もう1つは、技術を持つ若い人たちであり、地域に電気関連エンジニアの求人が多いので、それに応じて転職していくそうだ。

ただ現実的な問題として、残った従業員の配置換えは決して簡単ではないという。例えばエンジン工場と組み立て工場では働き方が大きく異なるからだ。エンジン工場は機械のメンテナンスなどが中心で、仕事を早く終えれば休憩時間を長く取ることができるなど比較的柔軟性があるのに対し、組み立て作業はラインのスピードに合わせて働き、自分で時間を調整できる余地がほとんどない。ラヴィッケ氏は「自分たちの持ち場を離れたくないのが本音。できるだけ同じ生産ラインで働きたいと思っている人が多い」と話す。

欧州フォードの人員削減は、ＥＶシフトだけが理由ではないだろう。これまで同社は売上高より利益を重視し、エンジン車の余剰生産能力を削減してきた。積極的にＥＶを生産するからこそ、雇用を維持できるという側面もある。

仮に減少するエンジン車の生産の代替としてＥＶの生産をしないのであれば、さらに大規模な人員削減や工場閉鎖が必要な場合もある。実際、ホンダは21年に英国のエンジン車工場を閉鎖した。

## ドイツ最大労組、抵抗から覚悟へ

2023年5月、IGメタルの中央執行委員会が新会長候補を選出した。15年から会長を務めたイェルク・ホフマン氏に代わり、女性初の会長候補としてクリスティアーネ・ベンナー氏が指名された。10月に実施される組合員の選挙を通じて、正式に選任される。

ベンナー氏は1968年にドイツ西部のアーヘンに生まれた。2015年からIGメタルの副会長を務め、独BMWと独コンチネンタルの監査役も務める。

ドイツ最大の企業で、世界の自動車会社でも最大級のVWの従業員代表のトップにも初めて女性が就いている。21年にVWの監査役でもある労働評議会議長となったダニエラ・カヴァロ氏だ。

ドイツの自動車産業従事者にとって大きなテーマがEVシフトだ。EVはエンジン車

ドイツ最大の産業別労働組合「IGメタル」で、女性初の新会長候補に選出されたクリスティアーネ・ベンナー氏。15年から副会長を務め、経験が豊富だ

に比べて部品点数が少ないため、生産に必要な従業員数が減少すると見られている。そのため、IGメタルやVWの従業員代表は当初、EVシフトが大規模な人員削減を招くとして強い懸念を示してきた。

実際、第9章で取り上げたように部品メーカーでは人員削減が増えている。欧州自動車部品工業会（CLEPA）は21年12月、エンジン車からEVへのシフトにより、約27万5000人の雇用が危険にさらされると警告していた。

ドイツ国内の自動車生産台数も減少している。1998年から、リーマン・ショック後の1年を除き約500万台を上回る台数を維持してきたが、2019年に466万台まで減少。さらに20年は新型コロナウイルスの感染拡大や半導体不足などの特殊要因があるにせよ、310万台まで落ち込んだ。22年も348万台と回復ペースは鈍く、国内での生産体制を維持するために正念場を迎えている。

だが、この数年、労組の対応に変化が表れている。EVシフトを所与のものと認め、その内容について経営者と争っているのだ。

IGメタル現会長のホフマン氏はドイツメディアに対し、以下のように発言している。

「EVのドライブトレーンは、内燃エンジンに比べて付加価値が低いことは確かだ。だが、EVはエンジン車に比べて部品数が少ないために雇用が減少することは必然だという論には安易にくみしない。ソフトウエア、モビリティーサービス分野の新しいビジネスモデル、そして電池技術にいかに注力するかだ」

ホフマン氏は、ドイツで生産されているEVが高級車に偏っていることに警鐘を鳴らしている。大衆向けEVの開発が遅れているため、EVの生産台数が伸びず雇用を維持できなくなる恐れがあるからだ。ドイツで廉価版EVの生産が始まるのは、25年以降になると見られている。

ドイツでは23年からEV向け補助金が縮小したものの、新車販売に占めるEVの比率は増え続けている。EV関連の生産拠点も増えている。国内ではVWとメルセデス・ベンツグループ、ＢＭＷの３社がＥＶの完成車工場や部品工場を持つほか、米テスラがベルリンに完成車工場と電池工場を持ち、米フォード・モーターもケルンでＥＶ生産の準備を進めている。労組としてはＥＶシフトを批判するより、適切な移行で雇用の減少を食い止めようとする働きかけが多くなっている。

## 「安定した雇用をもたらせる」

ＶＷ社内でもＥＶシフトを巡り、様々な論争が交わされてきた。20年前後には、労働評議会議長だったベルント・オスターロー氏が、経営陣と激しく争った。

ＶＷのＥＶ生産について、当初は本社工場から始める案があったが、本拠地での人員削減を避けたい労組が強硬に反対し、東部の工場などからＥＶ生産が始まったといわれている。20年ごろまではＥＶシフトに恐怖を抱き、労組は多くの課題を会社に指摘していた。ＥＶシフトだけが要因ではないが、ヘルベルト・ディース前ＣＥＯ（最高経営責任者）と対立し、同氏を何度も辞任の瀬戸際まで追い込んだ。

だが、欧州各社が一気にＥＶを発売し、ＥＶ販売が急増し始めた20年ごろから労組の姿

ドイツにある主なEV関連工場

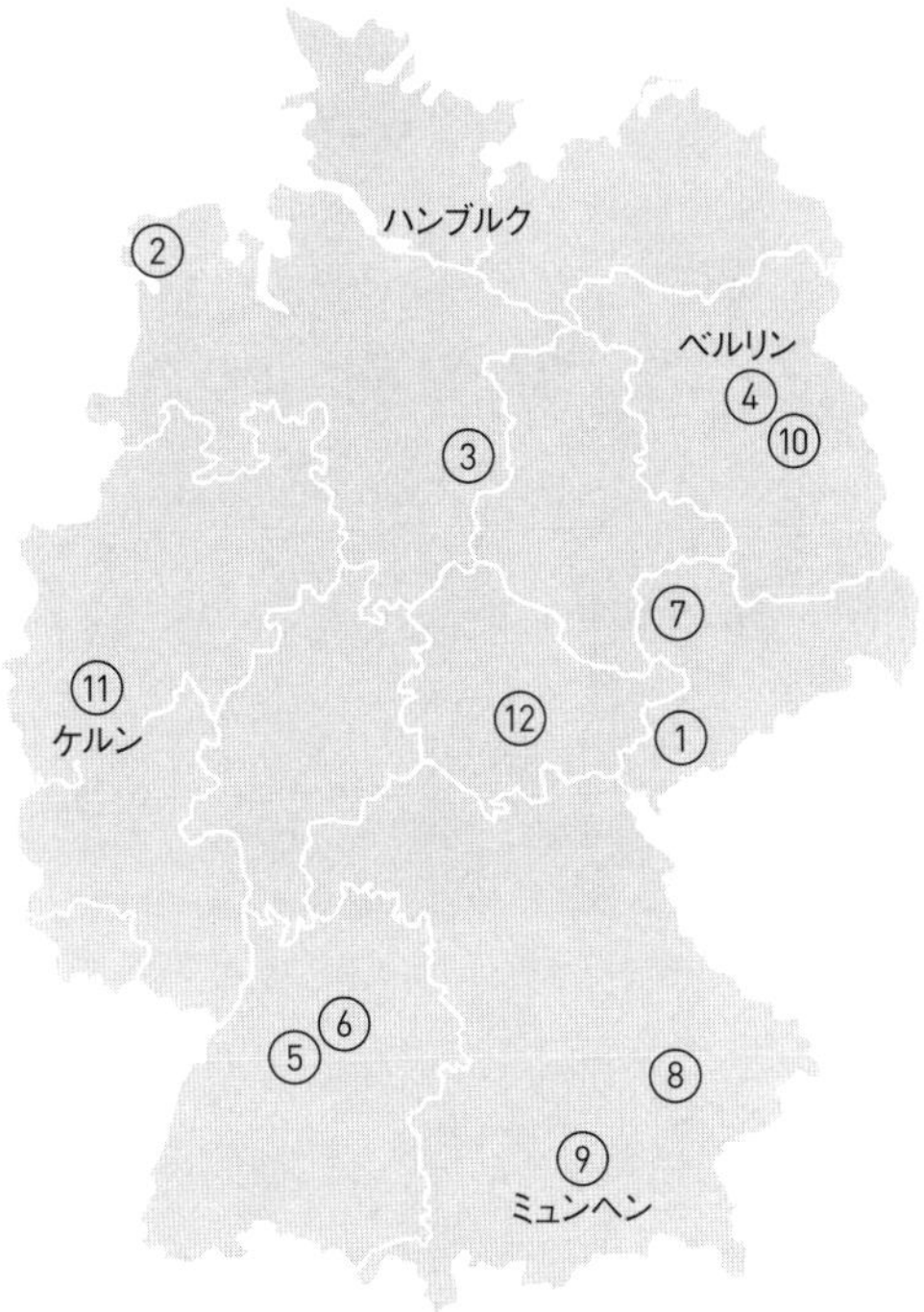


| 地図上の位置 | 企業 | 都市名 | 生産品目 |
|---|---|---|---|
| 1 | フォルクスワーゲン(独) | ツウィッカウ | EV |
| 2 | フォルクスワーゲン(独) | エムデン | EV |
| 3 | フォルクスワーゲン(独) | ザルツギッター | 電池 |
| 4 | メルセデス・ベンツ(独) | ベルリン | 部品 |
| 5 | メルセデス・ベンツ(独) | ジンデルフィンゲン | EV |
| 6 | メルセデス・ベンツ(独) | ウンターテュルクハイム | EV |
| 7 | BMW(独) | ライプチヒ | 部品 |
| 8 | BMW(独) | ディンゴルフィング | EV |
| 9 | BMW(独) | ミュンヘン | EV |
| 10 | テスラ(米) | ベルリン | EV、電池 |
| 11 | フォード(米) | ケルン | EV |
| 12 | CATL(中) | アルンシュタット | 電池 |

注:生産準備も含む

VW労働評議会議長のダニエラ・カヴァロ氏。VW本社があるウォルフスブルクで生まれた

勢が変わる。EVシフトを支持する発言が増えていった。オスターロー氏の後任としてVW労働評議会議長に就いたカヴァロ氏は、その方向性をさらに明確にする。

22年7月にドイツ北部のザルツギッターで開催された電池工場の定礎式。ショルツ独首相も訪れたこの式典では、工場のホールに従業員たちが集まり、建設開始を祝った。壇上に上がったカヴァロ氏は、「EVシフトは良い展望、良い仕事、安定した雇用をもたらせる」と語り、会場から拍手を浴びた。イベントの後にカヴァロ氏と立ち話をしたときも、EVシフトに理解を示していた。

カヴァロ氏はVWの従業員たちの気質をよく理解しているはずだ。1975年にVW本社があるウォルフスブルクで生まれ、

VWコーチング（現グループアカデミー）でトレーナーとして働いた。2010年から労働評議会のメンバーに就任している。

22年10月の英フィナンシャル・タイムズのインタビューでもこう述べている。「私たち労働評議会は、ブレーキを踏む傾向があるように思われているようだが、それは違う。今、この変革（EVシフト）を成功させなければ、我々の仕事も危うくなる」

## 週休3日とリスキリングの提案

こうした状況の中で、ドイツの労働者団体は主に2つの解決策を訴えている。1つは、従来とは違う知識や技術を学び直すリスキリングだ。IGメタルの新会長候補であるベンナー氏はドイツメディアに対し、「EVシフトなど産業界が新たな課題に適応するにはリスキリングが欠かせない。これが雇用を維持し、新たな雇用を創出する一番の方法だ」と語っている。

実際、ドイツの企業では社内で従業員にEV関連の技術や知識を習得する研修を受けてもらい、違う職種に就くことを促す投資を増やしている。また、企業間連携で他社に転職する取り組みも広がっている。ある企業で従業員が余剰になった際に、同じ地域で事業

日本とドイツの自動車生産台数（万台）

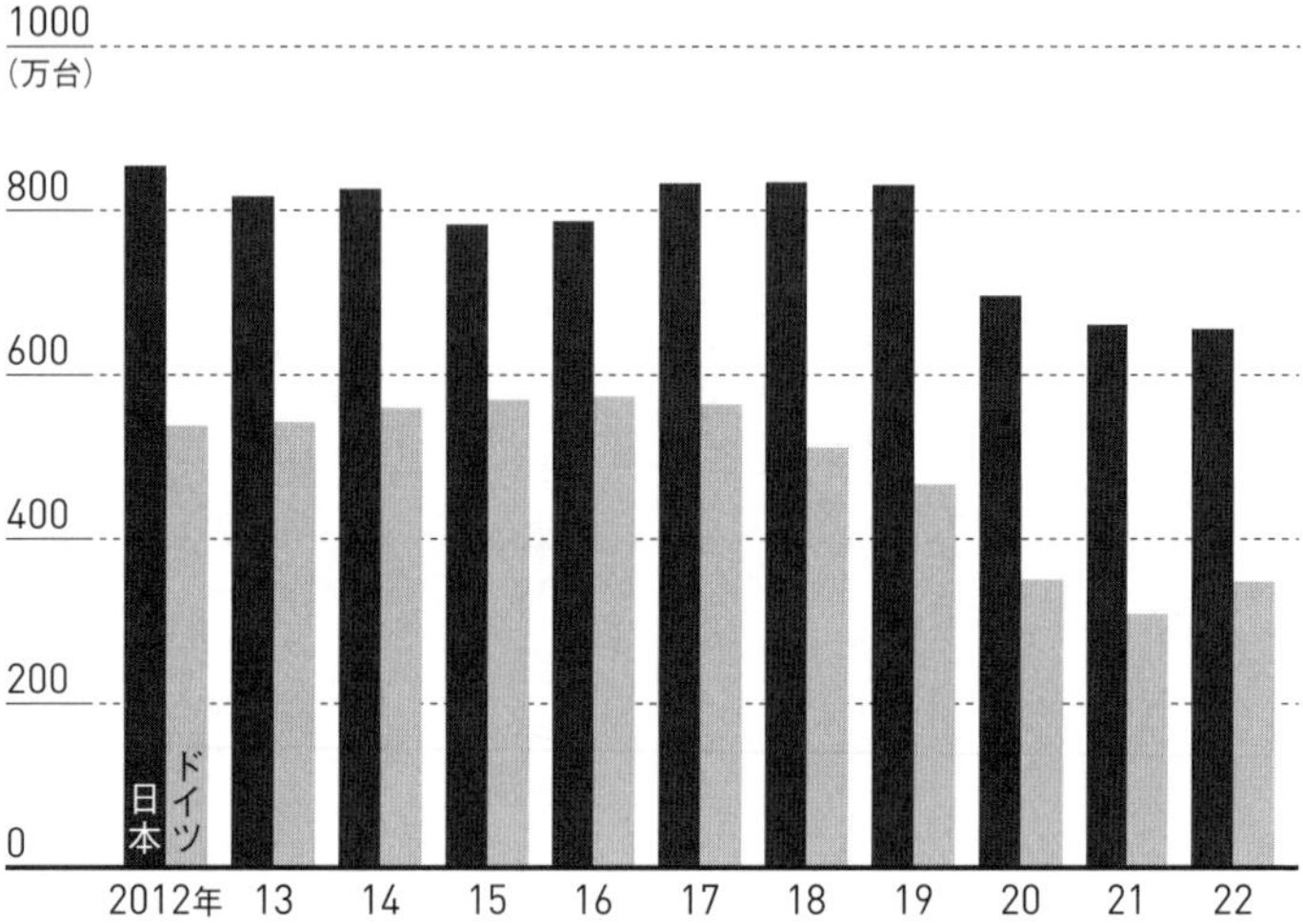


出所：日本は経済産業省、ドイツは独自動車工業会（ACEA）

展開する他の企業に受け入れの余裕があれば、転職を促すという仕組みだ。

もう1つが、週休3日制など時短勤務の導入である。ＩＧメタルはドイツで仕事が減少することに対応するために、週4日の勤務で労働時間を短縮し、従業員同士で仕事を分け合うことを訴えている。

ドイツではこうしたワークシェアリングにはなじみがある。新型コロナウイルスの感染拡大の際に、就業時間の短縮で目減りした給与の一定割合以上を政府が補償する時短勤務（クルツアルバイト）制度を導入した。今後、どのような補償があるかは分からないが、時短勤務には一定の社会的な理解がありそうだ。

雇用の維持は社会の基盤をなす、極めて重要な問題だ。ドイツはＥＶシフトへの切り替えが早かったために、労使間でも何度も激しい議論が交わされてきた。課題が多いものの、リスキリングやワークシェアリングへの取り組みが具体的になっている。

日本はドイツと同様に、新型コロナ感染拡大以降、国内の自動車生産台数が減少している。ＥＶシフトによる雇用への影響について具体的な検討を始めなければ、漠然とした不安がつきまとい、雇用対策が遅れることになりかねない。ドイツの労働者団体の取り組みは、今後の日本の参考になる部分がある。

# ボッシュ、3000億円の学び直し

リスキリングで大胆な動きを見せているのが自動車部品で世界最大手のボッシュだ。EVシフトなどで事業構造が変わりつつある中、世界で約40万人を対象とするリスキリングに力を入れる。既に21年までの5年間で10億ユーロ(約1500億円)を投じて従業員のリスキリングを支援してきた。さらに22年からの5年間で再度10億ユーロを投資する予定で、投資額は10年間で20億ユーロ(約3000億円)に上る。

同社の人事担当の取締役であるフィリズ・アルブレヒト氏は「従業員の技術や適性をどのように将来の新技術に生かすかについて、常に考えている」と述べる。特にEVシフトに当たりソフトウエア開発者の需要が急増している。実際のリスキリングはどのような工程を経るのか。同社で内燃エンジンの開発部門に所属していたセリーナ・イエーツさんの事例を見ていこう。

## エンジン技術者が学んだ研修プログラム

イエーツさんは現在、EVの動力機構である電動アクスル向けインバーターのソフトウエア開発に従事している。これは、車両をどのように制御するかというEVの心臓部ともいえるソフトウエアだ。「新しい時代を切り開くEVエンジニアとして働くことに興奮している」とイエーツさんは話す。

2つの仕事を同時並行で進める忙しい日々を送っている。仕事の1つは、開発の最終段階にあるEV用のソフトウエアについて、製造現場にサンプルを持ち込み、生産部門の人たちと量産に向けた準備を進めること。もう1つは、プロトタイプのソフトウエアのバグを見つけ出し、解消することだ。

数年前までは全く違う仕事に従事していた。イエーツさんは英国の大学で機械工学を学び、15年にボッシュに入社。それ以降、英国とドイツで内燃エンジンのエンジニアとしてキャリアを積んできた。

ボッシュがEV関連の事業を強化するに従い、イエーツさんはEV関連の仕事に携わることを自ら希望。そこで20年11月から3カ月間、ボッシュの「強烈に電動化を進めるた

EV関連のソフトウエア部門で働くセリーナ・イエーツさん。20年までは内燃エンジンのエンジニアだった

めのミッション」と呼ばれるEV技術者育成の研修プログラムを受けた。

ボッシュは社内に「ボッシュ・トレーニング・センター」という教育施設を備える。イエーツさんはそこで週3回の授業を受けた。講師はボッシュの専門家が務め、12人のエンジニアが参加した。主にEVの基礎知識を身に付けるのが目的で、11のモジュールについて学んだという。実際にEVとエンジン車を乗り比べて違いを確かめる授業もあった。

現在の仕事に関連するインバーターの知識を最初に学んだのもこのプログラムだった。イエーツさんは「内燃エンジンからEVにシフトしたいと考える機会にもなった」と振り返る。研修と同時並行で新しい職場でも週に

1回働くことで専門知識を深め、研修終了後の21年2月から新しい仕事に移行した。

多くの社員が研修に専念することになると、元の職場の人員が足りない恐れもある。そこでイエーツさんは週に1回は元の職場で働き、仕事の引き継ぎが円滑に進むようにした。またボッシュはオンラインでもリスキリングの機会を提供している。仮想空間の「ボッシュ・バーチャル・クラスルーム」で、専門家の授業を受けられる。

## 他社への転職も

ボッシュはイエーツさんのように社内で教育機会を提供するのとは別に、社外との連携によってリスキリングや転職の機会を提供することもある。そのために利用するのが、ドイツの産業界横断の取り組みである「アリアンツ・デア・シャンセン」。21年9月にボッシュのほか、シーメンス、BASF、コンチネンタルなど26社により創設されたもので、現在は約40社が集まる。1社単独では従業員のリスキリングや人材配置の見直しを進めることが難しい場合もあるため、パートナーシップで解決しようとする試みである。

例えばボッシュの自動車用ステアリングの部門から、同じ地域で事業を展開する他の企業の異なる製造部門に転職した従業員がいるという。元の部門にいた100人超の従業員のうち、60人超が転職した。

自動車部品大手コンチネンタルはドイツ鉄道と、リスキリングのためのパートナーシップを締結した。自動車部品の生産に携わる従業員のうち希望者をドイツ鉄道で再教育・採用し、教育にかかる費用を折半するプロジェクトを進めている。

大企業を中心にリスキリングの取り組みが進むドイツでは、中小企業の対応が遅れている。フラウンホーファー研究機構のダニエル・ボルマン氏は、「中小企業がリスキリングの機会を独自に提供することは困難であり、社会全体そして政治の課題として早急に取り組むべきである」と述べている。解決策の一つとして、地域内の企業や教育機関から構成され、従業員に必要な教育や訓練を提供するための調整の場となる「地域コンピテンス・ハブ」の構築を提唱。実際にドイツのいくつかの地域でこうしたハブが誕生している。

本章の冒頭で示した雇用の将来予測に戻ると、米ボストン・コンサルティング・グループは「EVシフトに伴う雇用減は、新たな技術需要による雇用の増加で相殺される」と予測している。仮にEVシフトによる雇用の増減がなかったとしても、リスキリングは競争力を高めることにつながるだろう。新しいスキルを身に付けた従業員が多いほど、変化への対応がしやすいからだ。

# 第11章

# 「出遅れ」トヨタの課題と底力

この自動車が今日ここまでになるには
一技師の単なる道楽ではできません。
幾多の人々の苦心研究と各方面の
知識の集合と長年月にわたる努力と
幾多の失敗から生まれ出たものであ
ります

――トヨタ自動車創業者 豊田喜一郎氏

2023年4月1日、トヨタ自動車の豊田章男社長が会長に、佐藤恒治執行役員が社長に就任した。その直後に開かれた日経ビジネスなど複数メディアによる佐藤社長へのグループインタビューで、印象的なやり取りがあった。電気自動車（EV）関連の質問を続けるメディアに対して、佐藤社長はこう質問した。

「逆に教えてほしい。皆さんがどうしてそんなにEVのことを知りたいのか」――

なぜ、知りたいのか。それは、トヨタが自動車産業で圧倒的に強い位置を占めながらも、急拡大するEV市場ではラインアップが少なく、販売台数が少ないことに対する懸念が高まっているからだ。

売上高、利益、時価総額……。いずれも国内で圧倒的なトップのトヨタ。グループ従業員は37万人を超え、日本の産業の屋台骨を支える存在だ。そのトヨタがEV市場で後塵《こうじん》を拝している様子は、将来の競争力の低下を暗示しているのではないか。そんな言いようのない不安に駆られるからこそ、多くの人がトヨタのEV戦略を知りたくなっている。

ここまで10章にわたって世界のEVシフトの動向をまとめてきたように、自動車市場の半分近くがEVになる未来が現実的になってきた。1997年に世界初の量産ハイブリッド車（HV）を発売したトヨタが市場で技術開発で先行し、ユーザーを囲い込んできたように、EVでも先を走る企業が市場の多くを押さえてしまうかもしれない。

米テスラや中国・比亜迪（BYD）が累計数百万台のEVを世界の道路で走らせて得ている知見は無視できない。実際、両社はEVを発売するたびに洗練させてきた。もっと言えば、販売済みのEVも、無線通信でソフトウエアを更新して性能を改善させている。

しかもEVでは、新しいサプライチェーン（供給網）をつくり、電力供給のインフラも整える必要がある。ソフトウエアの重要性が高まり、開発や生産のあり方が根本から変わるなど、HV以上に大きな変化を伴う。その市場で、本当に後から追い付けるのか。


欧米の自動車メーカーは、本気でテスラやBYDを追いかけ始めた。もちろん、市場の全てがEVになるわけではない。しかし、欧州・米国・中国という巨大市場に基盤を持つメーカーが、それぞれの産業競争力を強化するために、自国の市場を後ろ盾にしながら「EVシフト」という現象を活用しようとしている。後ろ盾となる日本市場が相対的に小さく、アジアや新興国を含めた全方位で事業を展開してきたトヨタが、権謀術数の渦巻く領域で勝てるのだろうか。巻き返しにはもはや、一刻の猶予もないのかもしれない。

トヨタ、そして日本の自動車メーカーが産業競争力を維持・強化するために何ができるのか。最終章ではそれを考えていきたい。

## なぜEV世界28位に沈むのか

2026年までに150万台、30年に350万台──。トヨタは世界でのEV販売目標をこう掲げている。ただ、9万5000台の販売を目指していた23年3月期は約3万8000台にとどまった。マークラインズの調査で22年のEV販売台数を比較すると、世界28位。首位テスラの約50分の1の規模だ。

トヨタがEVを無視してきた訳ではない。かねてEV需要の感触を探ってきた。1992年にはEV開発部を設置し、96年には初代の「RAV4 EV」を市場に投入した。

2010年春には、豊田章男社長(当時)がテスラのイーロン・マスクCEO(最高経営責任者)の自宅に招かれ食事を共にした後で、テスラのEV「ロードスター」に乗り込み、意気投合したといわれている。その後、トヨタはテスラとEVの共同開発で合意。当時の豊田章男社長は「テスラのベンチャー企業としてのチャレンジ精神を学びたい」と語り、テスラ

2010年11月にトヨタ自動車の豊田章男社長(現会長)と米テスラのイーロン・マスクCEOは提携を発表した　(写真:ロイター/アフロ)

に5000万ドル(約70億円)を出資した。そのときの両社には蜜月のような雰囲気もあった。トヨタはテスラから調達した電池などを活用して、2代目の「RAV4 EV」を12年に米国で発売した。

さらにトヨタは小型EV「eQ」を発表。記者会見で当時の副社長だった内山田竹志氏は「普及することが大事だ」と語った。HVの代表車種である初代「プリウス」のチーフエンジニアでHVの伝道師と見られている内山田氏がEVを発表することで、トヨタのEVに対する本気度を示した。

だが、トヨタとしてはEV需要の高まりを感じられなかったのだろう。RAV4 EVは販売が伸びず、テスラとの関係は冷え込み、

14年から段階的に株式を放出していく。12年に発売したｅＱは、わずかな台数を限定販売しただけだった。その後、トヨタは改めてＨＶを本命と捉え、その開発と生産に注力していく。

しかし、トヨタとしては想定していなかったと見られる事態が起こる。まずテスラのＥＶ販売が米国で伸び始めたのだ。マスクＣＥＯが陣頭指揮を執り、必死の開発で製品力を高めたことが身を結んだ。協業して手の内を知っていたトヨタは、テスラについて「モノづくりができない」と油断していた部分があったのかもしれない。

さらに20年前後から欧州や中国でＥＶ販売が急増していく。トヨタにはその需要に応えるＥＶのラインアップがなく、ＥＶを本命視してこなかった影響が出始める。

出遅れを印象づけたのが、22年5月に初の量産ＥＶとして発売した「ｂＺ４Ｘ」のつまずきだ。タイヤを取り付けるハブボルトにおいて、ｂＺ４Ｘに適した仕様のボルトになっておらず、車両が連続した急加速や急制動を繰り返すと、ボルトの温度が上昇し、締結力が低くなる。

また、一部の車両ホイールで加工が不適切なものがあり、それらの影響でボルトが緩み異音が発生し、最悪の場合はタイヤが脱落する恐れがあった。こうした理由からトヨタは国土交通省にbZ4Xのリコールを届け出て、生産と販売を停止させざるを得なかった。

品質の高さに定評のあるトヨタとしては、にわかに信じがたいトラブルだった。EV特有の問題ではないにしても、トヨタとしてはEVの出遅れが指摘される中で実力を見せつけたかったはずだ。それにもかかわらず品質トラブルを起こしたのは、「エンジニアリング力が落ちているからではないか」(ナカニシ自動車産業リサーチの中西孝樹代表アナリスト)という声も上がっている。

トヨタの佐藤社長は、「トヨタ初の量産型EV『bZ』シリーズには改善すべき点もたくさんある。それはEVに限らず、トヨタが常に考えている『カイゼン』の思想からくるものだ」と語った。

## 30年来のファン、トヨタ車を諦める

EVの品ぞろえの少なさから、ロイヤルカスタマーが離脱することもある。22年夏、新車販売に占めるEVの割合が約8割のノルウェーで出会ったのは、トヨタの大ファンを自称するユーザーだった。オスロ在住のマーガレットさん(60歳、女性)。30年ほどにわたって「カローラ」や「ヤリス」「オーリス」を乗り継いできたという。

トヨタ車に30年ほど乗ってきたノルウェー・オスロ在住のマーガレットさん。今はVWのEVを使用する

　だが、21年になって独フォルクスワーゲン（VW）のEV「ID・3」に乗り換えた。「我が家のクルマは1台だけで、セカンドカーはない。だから耐久性や安全性を重視している。EVでも最も実績のありそうなVWを選んだ」と話す。EV購入を検討していたとき、ノルウェーにはトヨタのEVがなかったため、ついにトヨタ車を諦めた。

　トヨタは23年6月に「トヨタ・テクニカル・ワークショップ」を開き、EVでの巻き返しの可能性を示した。詳細は後の節で紹介するが、これまでの会見を含め、「本気になればいつでも追い付ける」という余裕があるように見える。なぜなら、トヨタ幹部から「EVで出遅れている」といった課題を認める発言はほとんど聞こえてこないからだ。

2章と3章で詳述したVWは、ディース前CEOがプライドをかなぐり捨てて「テスラがベンチマークだ」と言い切り、強烈に社内の意識改革を迫った。功罪相半ばではあったが、VWのEVシフトを促したのは確かだ。

トヨタやVWの従業員たちが持つプライドと成功体験は相当なものだろう。EVの優先順位を高め、そこに多くの経営資源を投じることは、周囲が考える以上に難しいことなのかもしれない。

## 理解されにくいトヨタの考え

トヨタは2023年4月7日、新体制の方針説明会を開催した。社長と副社長はどのような表情で、どのような話し方をするのか。雰囲気をじかに感じようと、会見の最前列に座って新経営陣の一挙手一投足をつぶさに見た。

タイトなダークスーツに水色のネクタイをまとった佐藤社長が壇上に立つ。前回の記者会見の時とは違う眼鏡をかけているようだ。背筋を伸ばし、身ぶり手ぶりを交えながら会場全体に語りかけるように話す。商品担当の中嶋裕樹副社長と最高財務責任者（CFO）を務める宮崎洋一副社長も自己紹介から話し始め、経営陣のフレッシュさを印象づけた。

新経営陣の決意表明のように、26年までにEVの世界販売台数を年間150万台に増やすと発表した。約2万5000台だった22年からの4年間で約60倍に増やすことになり、

23年4月に新体制の方針説明会を開いたトヨタの新経営陣　（写真：つのだよしお/アフロ）

かなり野心的な計画だ。ＥＶやＨＶ、燃料電池車（ＦＣＶ）など、各地域の事情に応じた最適なパワートレーンを導入するという「マルチパスウェイ」戦略を掲げる同社としては、かなり踏み込んだ目標だ。

それでもトヨタにとっては、歯がゆく、怒りを感じるようなデータが相次いで欧米で発表されている。欧米の調査機関のランキングで順位を落とすケースが目立っているのだ。

例えば、スイスの国際経営開発研究所（ＩＭＤ）は23年の「将来の準備ができている自動車メーカー」の調査で、トヨタに厳しい評価を下した。トヨタは10〜22年までほとんど2位以上の順位を維持してきたが、23年は10位に急落したのだ。1位がテスラ、2位がＢＹＤ、3位がＶＷになっている。特に

ＢＹＤは21年の14位から22年に5位と急激に順位を上げている。

## 「これは技術や規格の争いではない」

トヨタは23年6月開催の株主総会において、定款の一部変更に関する株主提案を受けた。内容は「気候変動関連の渉外活動が及ぼすトヨタへの影響とパリ協定の目標との整合性に関する評価及び年次報告書の作成」というものだ。トヨタの取締役会は、この株主提案を株主総会に付議した上で反対することを決議した。

提案した株主は、デンマークの年金基金「アカデミカーペンション」と、ノルウェーの金融サービス会社「ストアブランド・アセット・マネジメント」、オランダの年金投資会社「ＡＰＧアセット・マネジメント」の3社。それぞれの運用資産残高は２００億ドル（約2兆８０００億円）と１２００億ドル（約16兆８０００億円）、６０００億ドル（約84兆円）だ。

株主はどのような報告書を求めているのか。１つは、トヨタが気候変動問題に関連して、政策立案の過程にどのようなロビー活動をしているかを明らかにすること。もう１つは、ロビー活動が「パリ協定（地球の平均気温上昇を産業革命前に比べ１・5度以内に抑える目標を掲げる）」の達成に寄与しているかの詳細を開示することだ。

これに対してトヨタは、「気候変動対策を重要な経営課題の一つと位置付け、2050年カーボンニュートラル達成を目指し、様々な取り組みを進めている。株主提案が求める内容についても21年から実施しており、その内容はステークホルダーの皆さまのご意見を聞きながら、毎年更新していくことをお約束している」と反論している。

株主提案の発表直後に、提案を取り仕切るアカデミカーペンションのCIO（最高投資責任者）のアナス・シェルデ氏に話を聞いた。同氏が問題視しているのは、トヨタの気候変動政策に対するロビー活動だ。「トヨタのロビー活動が本当にパリ協定の目標に合致させる政策を支持しているかが、透明ではない」と話す。

トヨタはEVの販売台数が少ないものの、HVの販売増加により二酸化炭素（CO2）排出量の削減に寄与している。これに対してシェルデCIOは「これは1980年代に（ビデオテープレコーダーの規格の）ベータマックスがVHSと戦っていたような技術や規格の争いではない。気候変動は人類に対する潜在的な脅威であり、そのための厳しい規制が必要なことを我々は受け入れている」と指摘した。さらに、ロビー活動の結果として「トヨタがEVの販売台数を伸ばすことによる利益を損ない、貴重なブランドを台無しにし、さらに世界から後れを取っていることを懸念している」と語った。

株主提案の段階では「トヨタと2年以上にわたって対話してきたが、いまだに共通の認識を持つことはできない」と語っていたジョルデＣＩＯ。その後、トヨタと話し合う場があったようだ。

トヨタはこう説明する。「アカデミカーとは2年以上にわたり対話を続けてきた。当社のマルチパスウェイの戦略についても、地域ごとにエネルギー事情やインフラ整備の状況が異なること、ＥＶが必要とする希少資源には限りがあることなどから、現実的にできるだけ早くＣＯ2を削減するために有効であることは、提案株主にも理解してもらい、カーボンニュートラルという共通のゴールを目指していくことについて、合意している」

## 英シンクタンクとのかみ合わぬ議論

今回の株主提案で複数の投資会社が名を連ねたのは、同じ問題意識を持ち、共通の評価を見ているからだ。その1つのベースになっているのが、気候変動関連のシンクタンクである英インフルエンスマップだ。

同社は気候変動対策の観点から世界の企業を評価している。参加機関で68兆ドル（約

9500兆円）の資産規模を持つ「クライメート・アクション100プラス」という気候変動対策を重視する投資家グループに、この分析を提供している。

インフルエンスマップは23年の調査で、トヨタの気候変動対策に関する評価を自動車大手の中で単独最下位となる「D」とした。ちなみに「B」はテスラ、「C」はVWグループなど3社、「Cマイナス」は日産自動車など2社、「Dプラス」はホンダや韓国の現代自動車グループなど5社だ。

トヨタをDと評価した主な要因は、政策に対するエンゲージメントが低いと見なしているからだ。パリ協定に沿った気候変動政策への協力度合いを評価するスコアでは、唯一50%を下回っている。自動車担当アナリストのベン・ユーリフ氏は「トヨタは気候変動政策への支持が最も低い」と話す。

同社はトヨタの世界でのロビー活動や経営者の発言を細くチェックしている。ユーリフ氏は「トヨタは複数の地域で、気候変動政策に反対するロビー活動を戦略的に実施してきた」と指摘し、米カリフォルニア州や英国、ニュージーランドなどの気候変動政策に対するトヨタの動きを取り上げた。

欧米の投資家の姿勢は、必ずしも「日本たたき」というわけではない。インフルエンスマップの調査では、日産やホンダはトヨタより高い評価を受けている。また、単にＥＶシフトの目標だけで判断しているわけでもなさそうだ。競合他社に比べＥＶシフトに慎重な独ＢＭＷや欧州ステランティスも、トヨタより評価が高い。

大企業は非政府組織（ＮＧＯ）から抗議活動を受けたり手厳しいコメントが寄せられたりすることが多い。23年5月にＶＷが開いた株主総会では、人権活動家が壇上のＶＷ監査役会会長にケーキを投げつけた。こうした暴力的な行動は妨害行為と見なされ、会場から排除させられる。

一方、投資家からの株主提案は正規の手続きにのっとったものであり、投資家はインフルエンスマップなどのシンクタンクの分析を投資に活用している。このような投資行動の広がりは無視できない。

トヨタはインフルエンスマップと対話を持ち、自社の戦略を説明したり、評価の説明を求めたりしているようだ。トヨタは「インフルエンスマップからしっかりとした回答がない」と話す一方、インフルエンスマップのディラン・タナー代表は、「評価方法については、何度も説明している」と反論する。

そして、トヨタが「当社のＥＶ販売目標が評価に反映されていない」と主張するのに対し、インフルエンスマップは「個別の対策を評価するのではなく、気候変動対策へのロビー活動を評価している」と説明する。両者の話を聞くと、どうも議論がかみ合っていないようだ。

6月14日のトヨタの株主総会で、株主提案は否決された。しかし、米議決権行使助言会社のインスティテューショナル・シェアホルダー・サービシーズ（ＩＳＳ）はこの提案に賛成を推奨し、賛成率は15％だった。一部の株主との意見の対立は残ったままだ。

社会的な責任を重視する投資家はより手厳しい。トヨタの株主である米ドミニ・インパクト・インベストメンツのディレクターである古谷晋氏は、「米国の気候変動対策に対するトヨタのロビー活動は評判が悪い。気候変動対策へのトランジションで、リーダーシップをとってほしい」と語る。

非政府組織（ＮＧＯ）からも厳しい批判にさらされている。環境団体のグリーンピースは22年に発表した報告書で、自動車大手の気候変動対策についてトヨタを最下位とする評価を下した。23年の株主総会の前には、「投資家の皆様には、トヨタの戦略および方針についてより関与を強めていただき、リスクを低減していくためにも同社の戦略をパリ協定に沿った方向へ導いていくようにお力添えをお願いします」と呼びかけた。

## 全てがEVになる前提での反論

トヨタと欧米の投資家やNPOの関係者との間で特に意見の相違があるのが、EVシフトについてだ。

20年の日本自動車工業会の記者会見で、豊田会長がカーボンニュートラルへの考え方を示したことがある。「国内の保有自動車の全てがEVになった場合、充電インフラの投資コストは約14兆～37兆円かかる」。他にも様々な試算を示した上で、「このことを分かって政治家の皆さんがガソリン車をなくそうと言っているのか。ぜひ、正しくご理解いただきたいと思う」と述べた。

実際、欧州連合（EU）のように原則的にエンジン車の新車販売を禁止する地域もあるが、多くの地域では「全てEV」という政策は取っていない。それにもかかわらず、政策の機先を制するように極端な条件での数値を論拠としているため、日本車メーカーは「EVに対してネガティブ」という印象を世界に与えてしまった。自工会会長としての発言ではあったが、トヨタがEVの販売に積極的ではなかったこともあり、こうした発言はトヨタと関連付けて捉えられた。

先のインフルエンスマップはトヨタ幹部の発言も細かく見ている。日本語が分かるアナリストもおり、トヨタの記者会見や日本自動車工業会での発言もチェックしている。リポートでは、当時の豊田章男社長の記者会見や講演会での発言を何度も取り上げている。

一方のトヨタは、「各国の政策、社会的ニーズ、技術の進化、そしてお客さまのニーズが最大限同じ方向を向くよう渉外活動を行っている」と説明する。

欧州の投資家はＥＳＧ（環境・社会・企業統治）を重視する傾向が強い。どちらの主張が正しいかという問題の前に、株主提案とその反対理由を見ると、トヨタが気候変動対策やロビー活動で意図するところが、こうした投資家には伝わっていないようだ。自動車産業の構造転換が進む中で、自社の戦略を多様なステークホルダーに理解してもらうことが、ますます重要になっている。

## 「ＥＶファースト」になれるか

「どうだ！」と、胸を張るような技術説明会だった。トヨタが２０２３年6月にＥＶや電池に関する技術を説明した「トヨタ・テクニカル・ワークショップ」だ。あるトヨタ関係者は「豊田章男社長の時代から開発を続けてきた内容だ。ただ、新経営陣はいろいろなステークホルダーの要求に合わせて、説明を重視するようになっている」と明かす。

多くのメディアのヘッドラインを飾ったのは「全固体電池」の開発だ。現在主流のリチウムイオン電池は電解質が液体なのに対し、全固体は電解質が固体で、充電時間の短縮や航続距離の伸長などの可能性がある。トヨタは10分以下の充電で航続距離を１０００キロメートル以上に伸ばす見通しを示した。早ければ27年にも全固体電池を搭載するＥＶを投入する計画だ。ただし、大量に生産するのが難しいため、当面の搭載は高級車向けになりそうだ。

むしろ期待が高まるのが、早ければ26年にＥＶに搭載するリン酸鉄系（ＬＦＰ）電池だ。本書でも何度か触れてきたが、高価なニッケルやコバルトなどのレアメタル（希少金属）を用いる3元系の電池に比べて、ＬＦＰはそれらを使わないためコストを抑えられる。トヨタはＬＦＰで独自の技術を使うことで、ｂＺ４Ｘに搭載した電池に比べてコストを４割下げながら、航続距離は７００キロメートル超を実現できるという。これは量産を前提としているため、トヨタのＥＶ戦略の核になりそうだ。

生産技術の革新も示した。トヨタは数十点の板金部品で作っていたものを一体成型する技術を開発中と発表。テスラなどが先行する「ギガキャスト」と呼ばれる技術で、生産コストの低減を見込める。ＥＶ事業を加速する専任組織として5月に新設した「ＢＥＶファクトリー」の加藤武郎プレジデントは「新モジュール生産と自走生産で、工程と工場投資を２分の１にする」と述べた。

トヨタの一連の発表を受け、自動車アナリストの間の評価も分かれた。「トヨタにはＨＶなどで電動化技術の蓄積がある。ＥＶでの競争力も高い」と見るアナリストもいれば、「競合他社のキャッチアップにすぎない」と話すアナリストもいる。画期的な技術であっても、量産化が計画通りに進まないことは多い。トヨタの技術に対する期待は高いが、量産化で

トヨタ自動車の販売実績(2022年3月期)

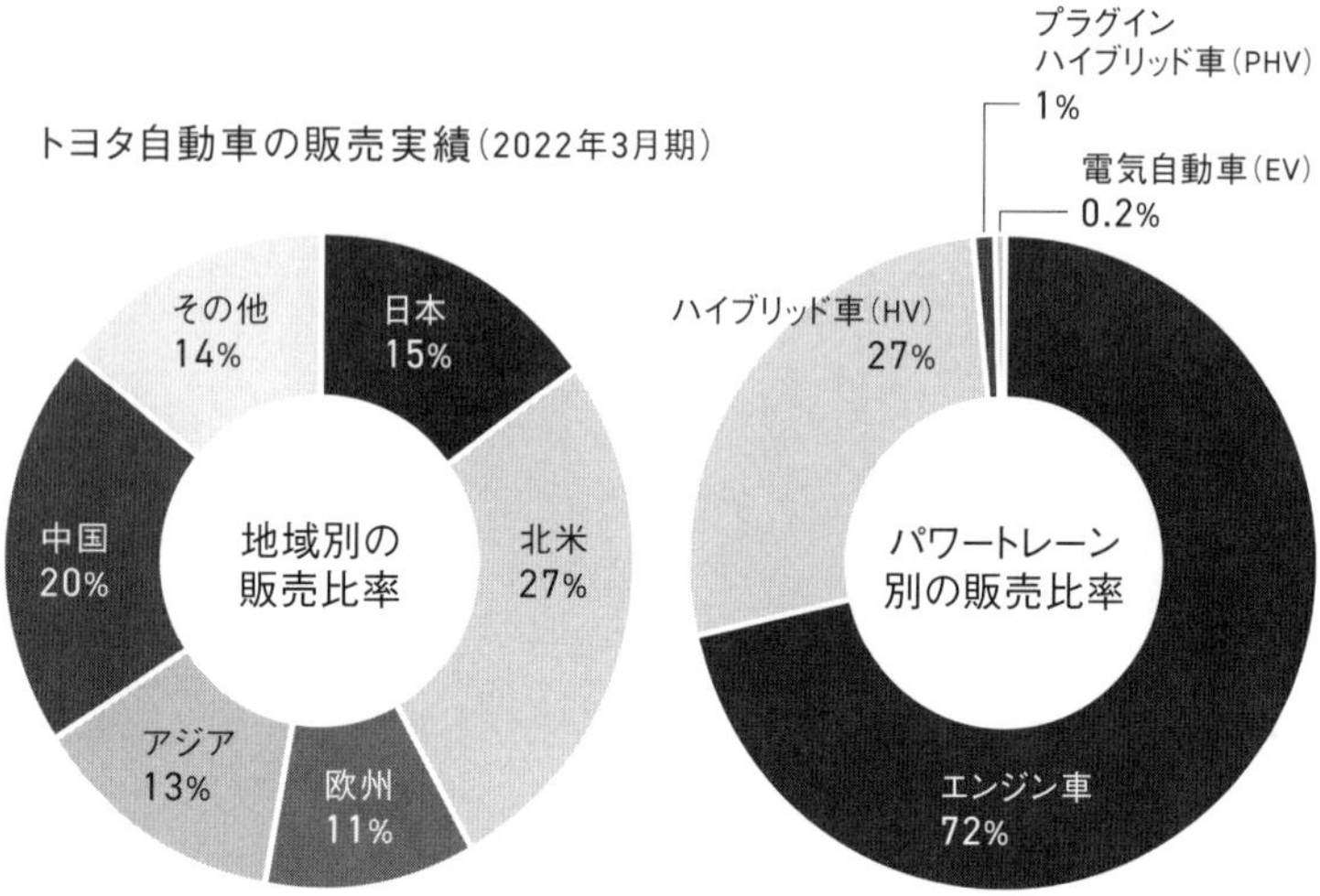


出所:トヨタ「統合報告書2022」

きるかどうかが鍵であり、未知数な部分が多い。現時点では評価が分かれるのもそのためだろう。

## 優先順位の見極めが鍵に

今後の5〜10年の自動車業界の競争環境を考えた場合、トヨタの戦略は2つの点で懸念がある。1つは、EV自体の競争力。もう1つは、自動車産業の構造変化を前提とした事業構築力だ。

トヨタの新経営陣が豊田社長の時代から引き継いだのが、「マルチパスウェイ」戦略である。各地域の事情に応じた最適なパワートレーンを導入するという「全方位戦略」だ。佐藤新社長はEVについて発信は増やすものの、「マルチパスウェイという考え方は一切ぶれることなく、変わっていない」と強調する。

19年2月に訪れたエチオピアでは、多くのトヨタ車が走っていた。これらの新興国では充電インフラの整備は難しく、HVの普及の余地がありそうだ

多くの雇用を抱える巨大企業ならではの堅実な戦略ではある。どれか1つの技術に絞ると、時代の要請の変化や地域ごとのニーズの違いに応えるのが難しくなってしまう。確かに、今後も自動車産業にエンジン車は残るだろう。特に競争力のあるHVは、電化が進んでいない地域ではエンジン車に置き換わる余地が大きく、新興国では需要が高まりそうだ。トヨタといえども、22年3月期に世界販売台数の72％をエンジン車が占めており、HVの伸びしろは大いにある。

しかし、今は経営における優先順位をつける必要があるのではないだろうか。中西孝樹アナリストは、「多様な技術を開発する必要性は理解できるが、まずはEVで勝たなければならない局面になっている」と指摘する。なぜなら、欧州や中国、米国という巨大市場でEV販売が急増しており、競合他社が全力でEVの開発を進めているからだ。

特に専業メーカーは組織をEVの開発や生産に最適化している。トヨタやVWなどの自動車大手は、従来の組織を抜本的に変えなければ専業メーカーのスピードに勝つのは難しい。ドミニの古谷晋氏は、「電力会社でも全ての技術にくまなく投資する企業は苦戦している。EVだけに投資する〝ピュアプレー〟のテスラに、エンジンなど様々な技術に投資するトヨタが勝てるとは思えない」と指摘する。

## EV専任組織の独立も

確かにトヨタはBEVファクトリーという専門組織をつくり、トップにBYDとも協業した経験を持つ加藤氏を据えた。当初は兼務者を含めて80人程度から始め、次世代EVの開発が本格化していく際に人員を拡大していくという。

しかし、VWやアウディは既にほとんどの開発がEV中心になっており、その体制を20年ごろから整えつつあった。HVが好調だった分スタートが遅れたトヨタは、意思決定のスピードを高めるためにBEVファクトリーを別会社として独立させるぐらいの思い切りが必要だろう。
もしトヨタがEV市場で優位なポジションを獲得できない場合、売上高で37兆円、営業利益で2兆～3兆円という今のレベルを維持することは難しくなるだろう。新興国で市場が拡大したとしても、ここで先進国並みの収益を上げていくのは簡単ではない。

市場別に見ると、特に気がかりなのは米国の動向だ。第4章で述べたようにバイデン政権は様々なEV普及策を導入しており、EV市場が急拡大する可能性がある。米国市場はトヨタの稼ぎ頭。米国のEV市場の拡大でシェアを落とし、収益力が低下するとトヨタの世界戦略に狂いが生じかねない。

米環境保護局（EPA）の排ガス基準案では、27～32年モデルの新型車に対する規制を段階的に強化する。基準を達成できないメーカーは、罰金を払うか、排出枠の購入義務を負う可能性がある。トヨタは今後、米国でEVの販売を伸ばせなければ、基準対応のために巨額の費用負担が発生するリスクがある。

欧州連合（EU）や米カリフォルニア州は、EPAが検討する仕組みを既に導入済み。トヨタはかつて、カリフォルニア州の排出ガスゼロ車（ZEV）規制に対応するためテスラから排出枠を大量に購入したことがある。その収入が赤字だった時期のテスラの経営を支えた。今後も他社から排出枠を購入することで、ライバルに塩を送るような事態になりかねない。

米国や欧州でのCO2規制が厄介なのは、消費者の好みとは関係なくZEVの販売が半ば強制されることだ。様々なパワートレーンの選択肢を用意する中で、顧客がHVばかりを選ぶこともあり得る。その場合、メーカーは規制対応のコストを払う羽目になる。結果としてそのコストを車両価格に転嫁せざるを得ない状況では、「消費者の好みに合わせる」とは言っていられなくなる。

トヨタはBEVファクトリーや電池の新技術などによる成果物のほとんどを、26年以降に投入する。それまでは既存のエンジン車のプラットホームをEV用に改良した「e-TNGA」などを活用することになる。その間もテスラやBYDがEV専用のプラットホームで競争力のある新型車を次々と発売するだろう。26年まではトヨタにとって我慢の時期になりそうだ。

その意味で、高級ブランド「レクサス」に磨きをかけることも不可欠だ。ライバルのVWは高級ブランドのポルシェとアウディの収益力が高く、VWブランドがEVで利益を出せるようになるまで高級車ブランドが会社の収益を下支えするだろう。トヨタの中で、レクサスにも同じような役割が求められることになる。

レクサスは30年までに欧州と北米、中国の新車販売全てをEVとし、100万台の販売を目指している。35年には全世界で新車販売の全てをEVにする計画だ。この市場で突き抜けた魅力を提示できなければ、高級車ブランドのEV競争の中で埋没する恐れがある。

トヨタが明らかにしているように、EV関連の技術の種はある。これからは実現のスピードと規模の勝負になりそうだ。その際には、戦略と投資の優先順位をつけることが大事になる。「EVオンリー」は危険だが、「EVファースト」という号令をかけてこそ、巨大組織のスピードは高まるだろう。

## スマイルカーブの真ん中で沈まないために

25~30年を見据えると、自動車産業には新たな大波の到来も視野に入ってくる。それはスマートフォンと同じような産業構造の到来だ。EVの開発と生産において、米アップルのような巨大なテック大手と、台湾の鴻海（ホンハイ）精密工業のような電子機器の受託製造サービス（EMS）が結び付くシナリオだ。

これはトヨタだけではなく、あらゆる自動車大手にとって悪夢のシナリオだろう。携帯

テスラは早くから自前の充電ネットワークの整備に力を入れてきた

電話の市場において、かつて世界最大手だったフィンランドのノキアが、スマートフォンの登場で壊滅的な販売減に陥ったことを引き合いに出されることも多い。

こうしたシナリオも視野に入れながらビジネスチャンスを見いだすことも重要になってくるだろう。伊藤忠総研・上席主任研究員の深尾三四郎氏は「EVのサプライチェーン（供給網）の中で、電池材料の資源調達やデータビジネスである上流と、電池を使った充電サービスなど下流が大きな価値を持ち、その真ん中にある自動車そのものの価値が減るというスマイルカーブが生まれる時代になる」と予測する。

電池には材料調達の制約があり、充電サービスは巨額の先行投資が必要になる。このためプレーヤーの数が限られそうだ。こうした領域は寡占化が進んで価値を高めやすい。その一方で、EV自体はテック大手やEMSなどの参入事業者が増え、競争過多になりかねない。そのため、EVのサプライチェーンにおいては中間部の利益が押し下げられ、典型的なスマイルカーブを描くことが想定される。

第8章で述べたように、テスラやBYDは既に電池や充電に関する新しい価値を具現化させつつある。それに比べると、トヨタのクルマ以外の事業は、軌道に乗っているとは言えない状況だ。伊藤忠総研の深尾氏は「スマイルカーブの両端を抑えられたら、いかにEVや電池の技術が高くても収益拡大は難しくなる」と指摘する。

トヨタの豊田会長は「佐藤新社長を軸とする新チームのミッションは、トヨタをモビリティーカンパニーにフルモデルチェンジすることだ」と語った。同社は早くからコネクテッド戦略を発表し、次世代移動サービス「MaaS」にも取り組んできた。配車アプリ会社への出資やスマートシティの開発など、新ビジネスで稼ぐための布石を打ってきた。

トヨタは今後、移動サービスなどで主導権を握るために、競合他社や異業種との連携も欠かせない。佐藤社長は「ライフ対応ビジネスといった体験価値で稼げるようになることが大事だ」と話す。トヨタの新経営陣には、新しい市場を切り開くための事業構想力とスピード感が求められている。

その意味で格好の参考材料となるのが、第2章と第3章で詳述したVWだ。ディーゼル車不正で追い込まれたVWは、自動車大手の中ではいち早くEVシフトに舵《かじ》を切った。EVは開発から生産、稼ぎ方まで従来のエンジン車とは大きく異なるため、VWは経営の混乱や開発の遅延など、様々な痛みを経験している。

トヨタはEVシフトで出遅れたがゆえに、他社の良い点や悪い点を学び、自社の経営戦略に生かすことができる立場にある。共通点の多いVWの経験を取り込むことで、経営改革のスピードを早められるのだ。

## 英オールダムで感じた創業者の執念

英オールダム。その名はトヨタや日本の自動車産業にとって特別な響きを持つ。

世界の産業革命の中心地だった英中部のマンチェスターから東に電車で30分ほど揺られていくと、車窓かられんが造りの古い建物や工場の跡地が見えてくる。

19世紀、オールダムは国際的な繊維産業の中心地だった。米国から綿花を輸入し、大量の繊維製品を生産した。最盛期には巨大な煙突が並び、労働者があふれ返っていた。その代表的な企業が、繊維機械の世界最大手だったプラット・ブラザーズ社だ。

トヨタの創業者である豊田喜一郎氏は、1922年にオールダムのプラット社での工場実習を敢行した。これがトヨタの未来に大きな影響を与えている。

喜一郎氏は既に豊田紡織（現トヨタ紡織）に入社していた。同社は父の豊田佐吉氏が創業

オールダムには今もプラット社の本社があったれんが造りの建物が残っている

し、佐吉氏が発明した織維機械を使って紡織業を手掛けていた。長男である喜一郎氏は、世界最先端の繊維機械の技術を学ぶために、遠路はるばる日本からオールダムを訪れ、プラット社で研修を受けた。

今でも日本からオールダムに行くのは簡単ではない。ましてや航空便のない当時は、船で渡航する必要があった。喜一郎氏は船で1カ月以上かけて日本から米国に渡り綿花栽培地などを視察した後に、米国から英国へ渡航した。たいへん労力のかかる旅であり、創業者の長男が日本からはるか遠くのオールダムに向かったのは、相当の意気込みがあったのだろう。繊維機械の仕組みを書き取ったメモが今も残されており、そこからは日本やトヨタが世界の技術に追い付くのだという鬼気迫る執念が伝わってくる。

2023年春、およそ100年前に喜一郎氏が歩いたと思われるオールダム中心地やプラット社の周辺を、歩いて回ってみた。

今でもプラット社の本社があった建物が残っており、屋上には当時から時を刻んでいたと思われる時計台がある。その裏手にはかつて工場だった建物がある。いずれもれんが造りで、その姿が往時をしのばせる。

起伏の多いオールダムの地形で、プラット社の建物は谷に当たる地域に位置していた。喜一郎氏が下宿していたのは、そこから坂を上がった住宅だ。きつい勾配の坂を上り、下宿場所と思われる家の近くまで来て振り返ると、どうして喜一郎氏が下宿先にこの場所を選んだかが分かるような気がした。

坂の上からは、プラット社の本社と工場が一望できる。新緑で生い茂る木々の隙間から、本社の時計台が顔をのぞかせる。喜一郎氏が訪れた冬には、工場からもくもくと上がる煙がよく見えただろう。四六時中、プラット社の様子を見ていたかったのかもしれない。

豊田喜一郎氏は1922年、英オールダムのプラット社で繊維機械を学んでいた。その際に下宿していた住宅付近からプラット社の方向を見た現在の様子

## オールダムの衰退を目撃

喜一郎氏は半月ほどオールダムに滞在し、繊維機械の技術を学んで帰国した。その後、本格的に自動織機の開発に取り組み、1924年の「G型自動織機」の発明につながる。佐吉氏と喜一郎氏、そして部下たちの努力によって多くの課題を乗り越えた。機械の停止が必要ないG型自動織機は、性能や経済性で「世界一」と評価される画期的な製品だった。その後、佐吉氏は自動織機を製造・販売する会社として豊田自動織機製作所（現豊田自動織機）を設立する。

海外から注文が入るような革新的な自動織機を開発したにもかかわらず、喜一郎氏はモータリゼーションの到来を予感し、自動車事業への参入を模索していく。33年には豊田自動織機製作所内に自動車製造部門を立ち上げる。この決断が、今のトヨタにつながっている。

実は、この自動車事業参入にはオールダムが少なからず関係している。喜一郎氏は自動織機の特許譲渡契約のため、29年末に再びオールダムのプラット社を訪れている。このとき、低コストの化学繊維の台頭や不況の影響で、街の様子は激変していた。わずか8年ほど前には織機の音が響き渡り、労働者の活気が充満していた街に、失業者があふれていたのだ。

『豊田喜一郎伝』(名古屋大学出版会)の著者である東京大学名誉教授の和田一夫氏は、「プラット社やオールダムの町の大きな変化を見ながら、確実に産業構造の転換が世界的に起きていることを、身をもって体験していた」と語る。日本でも豊田自動織機の繊維事業は苦境に陥っていた。

「トヨタ自動車75年史」はこう記述する。「かねてから自動車製造の夢を抱いていた喜一郎は、2度目の渡航によって欧米の産業構造の変化を実感し、わが国における自動車産業の必要性を改めて認識した」

## 成功に安住しないチャレンジ精神

当時と今では時代背景も産業構造も異なる。自動織機から自動車産業への参入を、現代のエンジン車からEVへのシフトに重ねて考えるのには無理があるだろう。

しかし、喜一郎氏に驚かされるのは、成功に安住しないチャレンジ精神だ。日本からはるか遠くのオールダムまで訪れ、必死の思いで織維機械の技術を学び、自動織機の開発に全身全霊を傾けた。新規事業への挑戦は失敗がつきものであり、自らの名声を傷つけるかもしれない。それにもかかわらず、繊維機械産業の行く末を案じ、成功が確約されていない自動車産業に飛び込んだ。

喜一郎氏はオールダムを訪問する前後には米国を訪れ、自動車が急速に普及する時代の変化も目の当たりにしている。和田氏は「喜一郎氏は欧米でたくさんの自動車の写真を撮影していたほか、自動車雑誌などもよく読んでいた」と話す。まさに時代の最先端を肌で感じ、その先の変化を読み取り、新規事業に自社の経営資源を大胆に投入している。

エンジン車は欧州で発明され、大量生産の手法は米国で生み出された。フォードが生産を始めた頃の日本は、自動車産業の「未開の地」であった。喜一郎氏はそんな中で冷静な分析に基づき、緻密な戦略で果敢に挑戦した。

喜一郎氏は後に、「この自動車が今日ここまでになるには一技師の単なる道楽ではできません。幾多の人々の苦心研究と各方面の知識の集合と長年月にわたる努力と幾多の失敗から生まれ出たものであります」という言葉を遺した。

トヨタにはこの挑戦者としての魂が宿っているはずだ。日米自動車摩擦や米国でのリコール問題など数々の逆境をはね返してきた。２００９年3月期には過去最悪の営業赤字を計上したが、その後は経営改善を重ね、自動車の世界最大手の座に上り詰めた。

ＥＶで出遅れている状況は、トヨタのチャレンジ精神を発揮するチャンスだ。今こそ「ＥＶ販売でもトップ」「自動車会社として世界初のカーボンニュートラルを実現する」といった壮大な目標を掲げる好機ではないだろうか。その目標に対して会社が一丸となれば、さらにトヨタは強くなるかもしれない。

## ＥＶ時代の豊田喜一郎氏は？

ＥＶ時代の到来により、日本勢としては不得手なフィールドに入っていく可能性がある。欧米中は自国や自地域の市場の大きさを利用しながら、政官民が絡み合いながら競争力を高めようとしている。その代表的な企業が、テスラ、BYD、VWだ。

日本は本音と建前を使い分けながら政策を導入し、国際的なスタンダードを取りに行く戦いが得意ではない。EVの分野でも、ルールやビジネスモデル作りで後手に回っているのが現状だ。

米非営利団体の「国際クリーン交通委員会（ICCT）」は5月に、EVシフトへの評価でトヨタとホンダ、日産、マツダ、スズキと調査対象になっている日本の5社全てを最低ランクの「出遅れ」に位置付けた。22年の乗用車販売台数の上位20社を対象に、市場優位性や技術性能、戦略的ビジョンの主に3つの観点でEVシフトの進行度合いを評価した。1位がテスラ、2位がBYDであり、ICCTは日本全体を批判している。「日本に本社があるメーカーは、競合他社に追い付けるよう努力をする必要がある」と指摘する。

今後は、欧米中がルールを変える可能性もある。欧州は35年にエンジン車の新車販売を原則禁止するが、電池産業の育成が難しければプラグインハイブリッド車（PHV）を認めるかもしれない。その事態に備えてエンジン車の価値を高めるなどの戦略は必要だが、欧米中の政策に対して単純な批判を繰り返しても政策は変わらないし、日本の役に立つことは少ないだろう。

一定の市場規模になるEVは従来の日本産業に大きな変革を迫る。自動車単体の価値が以前に比べて下がる一方で、より幅広いサプライチェーンに収益拡大の機会が生じる可能性もある。その時に、日本車メーカーはどのように競争力を高めていくのか。ソニーとホンダの提携のように、他業種と提携していく手もあるだろう。他の業界を見れば、ソニーや日立製作所のように、ソフトやサービスに活路を見いだして再成長を果たした企業もある。

国の役割も大きい。トヨタの豊田章男会長が何度も指摘しているように、再生可能エネルギーが普及していなければ、EVを導入してもCO2排出量を削減できない。また、欧米中は再エネとセットでEVを普及させ、新たな市場と雇用の創出を狙っている。遅れてしまった再エネ市場の育成と産業創出も不可欠になる。

産業構造の転換には、収益の悪化や雇用の減少などの痛みを伴う。ドイツは雇用への一定の影響を認めつつ、VWやメルセデス・ベンツなどが構造転換の決意を固めている。ドイツやこれらの会社がEVシフトを進めるのは、100年後もドイツの自動車産業の競争力を維持するためだろう。

特に大事なのは、100年前の豊田喜一郎氏のように挑戦する人物や事業者を育てることではないか。かつての自動車事業への参入にはもちろん反対意見もあったが、喜一郎氏の挑戦に賛同する従業員や社会の後押しがあり、トヨタのサクセスストーリーが始まった。

エンジン車の時代に日本は、喜一郎氏だけでなく、日産自動車の創業者である鮎川義介氏、ホンダ創業者である本田宗一郎氏という偉大な起業家を生んだ。ではEVの時代はどうか。テスラのイーロン・マスクCEOやBYDの王伝福・董事長のような人物が日本から新たに登場するかもしれないし、日本の自動車大手の中の人物が頭角を現すのかもしれない。

EVシフトに多くの課題があるのは事実だ。だが、我々は課題にばかり目を奪われていないだろうか。新しい時代には新たな成長のチャンスが生まれる。今こそ日本は100年先を見据え、EV時代における新たな市場を切り開くときだ。

# おわりに

私の記憶には、工場の機械油のにおいが染み付いている。

太平洋戦争で前線に立ち、終戦後に中国東北部から朝鮮半島を通って帰還した祖父は、働きづめの人生を送った。川崎の工業地帯の一角に小さな工場を構え、休日もなく来る日も来る日も自動車生産に使う部品を作り続けていた。祖父と遊ぶ時間はほとんどなく、工場の隅で仕事の様子を眺めていたので、脳裏には文字通り油にまみれた祖父の姿がある。祖父母の会話からはよく「こうば（工場）」という言葉が聞こえ、その響きは今でも耳にこびり付いている。

祖父母の生活は豊かではなく、クルマを持っていなかった。いつも祖父は自転車で、祖母は徒歩で工場に移動していた。その質素な自宅の居間には自動車メーカーからの感謝状が誇らしげに掲げられていた。その祖父の一つひとつの削りが、回り回って今の私の生活を支えているのだろう。私の父は「こうば」から「こうじょう」に呼び方を変え、自動車メーカーの工場で働いていた。

筆者だけではなく、日本では自動車産業に関わる親族や親戚、友人を持つ人が多いのではないだろうか。それほど日本は戦後、自動車産業に支えられてきた。その基幹産業が世界の電気自動車（EV）シフトに揺れている。

今、筆者は家族で英ロンドンに住んでいる。ロンドンの街は、EVの見本市のようだ。至る所で様々なタイプのEVが走っている。小学生の子どもたちは街中を歩きながら、「テスラ！」「フォルクスワーゲン！」「メルセデス・ベンツ！」とEVを見つけるゲームを楽しんでいる。

そんな時に考える。子供たちが大人になる10年後や15年後に、日本やロンドン、世界中の街や地方でどのような光景が広がっているのか。EVが大半を占める状況とはどのようなものなのか。その時、日本車メーカーは強いままでいられるのか。

日本の自動車産業規模は約60兆円に上り、約552万人の雇用を支えているといわれる。産業の栄枯盛衰は世の常とはいえ、自動車産業が傾けば日本の経済や雇用が甚大な影響を受けるのは間違いない。

海外で暮らしていると、日本の自動車の存在感が頼もしく感じられ、日本人としてのアイデンティティーをくすぐられる。アフリカなど途上国で、現地の人と日本車を巡って話が弾んだことは数知れない。今後も、そんな日本の自動車産業がEV時代でも勝ち抜けることを心から願っている。

本書は多くの方々の支えで成り立っている。日経ビジネス・クロスメディア編集長の竹居智久さんが最後まで適切な指摘と共に伴走してくれなければ、本書は日の目を見なかった。日経ビジネス副編集長の熊野信一郎さんには日英の時差のために連載原稿の確認が日本の深夜に及んでも、いつも対応してもらった。前著『孫正義の焦燥』をまとめた時に日本経済新聞の同じチームでソフトバンクを取材した磯貝高行さんは日経ビジネス編集長として、温かく本書の仕上がりを見守ってくれた。日経BP海外支局の池松由香さん、広岡延隆さん、佐伯真也さんや、日経ビジネス編集部の小原擁さんの取材成果も活用した。

日経ビジネスで長期の連載を執筆するに当たり、鈴木ファストアーベント理恵さん、塚田沙羅さん、長谷川瑶子さん、杉原梓さんのリサーチや翻訳にも支えていただいた。みなさんに最大限の感謝を申し上げたい。

休日や早朝深夜にも執筆、編集の時間を使ってしまい、妻や家族のサポートがなければ本書は書き上げられなかった。改めて御礼を伝えたい。

最後に。日経BPに入社した2001年から、世界中で実に多くの自動車産業の関係者を取材した。取材に応じていただいた全ての方々にこの場をお借りして感謝を申し上げ、筆を置きたい。

2023年7月、英国の日経BPロンドン支局にて

大西 孝弘

**大西孝弘** おおにし・たかひろ

日経BP ロンドン支局長

1976年横浜市生まれ。上智大学法学部卒業後、2001年に日経BP入社。週刊経済誌「日経ビジネス」、日本経済新聞・証券部、環境専門誌「日経エコロジー」の記者を経て、2018年4月より現職。日経ビジネス電子版でコラム「遠くて近き日本と欧州」を連載中。著書に「孫正義の焦燥」(日経BP)がある。

# なぜ世界はEVを選ぶのか

## 最強トヨタへの警鐘

2023年9月4日　第1版第1刷発行
2023年10月24日　第1版第2刷発行

| | |
|---|---|
| 著者 | 大西孝弘 |
| 発行者 | 北方雅人 |
| 発行 | 株式会社日経BP |
| 発売 | 株式会社日経BPマーケティング |
| | 〒105-8308 東京都港区虎ノ門4-3-12 |
| ブックデザイン | 小口翔平＋畑中茜＋後藤司(tobufune) |
| 制作 | 株式会社エステム |
| 校正 | 株式会社聚珍社 |
| 編集 | 竹居智久 |
| 印刷・製本 | 図書印刷株式会社 |



ISBN 978-4-296-20250-8
Printed in Japan